认知升级

「言葉」があなたの人生を決める

利用语言的力量
激发你内在的潜力

[日] 苫米地英人 | 著　　[美] 马克·舒伯特 | 著

朱悦玮 | 译

北京时代华文书局

图书在版编目（CIP）数据

认知升级 /（日）苫米地英人，（美）马克·舒伯特著；朱悦玮译 . -- 北京：北京时代华文书局，2022.5
ISBN 978-7-5699-4884-4

Ⅰ.①认… Ⅱ.①苫…②马…③朱… Ⅲ.①思维方法—通俗读物 Ⅳ.① B804-49

中国国家版本馆 CIP 数据核字 (2023) 第 030342 号

"KOTOBA GA ANATA NO JINSEI WO KIMERU" by Hideto Tomabechi
Copyright © 2013 Hideto Tomabechi
All Rights Reserved.
Original Japanese edition published by FOREST Publishing, Co., Ltd.
This Simplified Chinese Language Edition is published by arrangement with FOREST Publishing, Co., Ltd. through East West Culture & Media Co., Ltd., Tokyo

北京市版权局著作权合同登记号　图字：01-2021-5416

Renzhi Shengji

出 版 人：	陈　涛	
策划编辑：	樊艳清	
责任编辑：	樊艳清	
执行编辑：	耿媛媛	
责任校对：	初海龙	
装帧设计：	程　慧　迟　稳	
责任印制：	訾　敬	
出版发行：	北京时代华文书局 http://www.bjsdsj.com.cn	
	北京市东城区安定门外大街 138 号皇城国际大厦 A 座 8 层	
	邮编：100011　电话：010-64263661　64261528	
印　　刷：	三河市嘉科万达彩色印刷有限公司	
开　　本：	880 mm×1230 mm　1/32	成品尺寸：145 mm×210 mm
印　　张：	7	字　　数：141 千字
版　　次：	2024 年 1 月第 1 版	印　　次：2024 年 1 月第 1 次印刷
定　　价：	58.00 元	

版权所有，侵权必究
本书如有印刷、装订等质量问题，本社负责调换，电话：010-64267955。

继续保持一直以来的自我认知，
你未来的人生都将是过去人生的重复。

前　言

◎ "语言"决定思想，思想决定现实

非常感谢您阅读本书。

您听说过"自我肯定（Affirmation）"这个改变自己的方法吗？

提出这个方法的人是被称为培训创始人的路·泰斯（Lou Tice）先生。他不仅通过实践"自我肯定"的方法在商业活动中取得了巨大的成功，在职业规划、资产积累、家庭生活、人际关系等许多方面也取得了成功，拥有了既充实又幸福的人生。

同时，他还积极地将自己提出的这个方法传播给更多的人，全世界超过3300万人在他的帮助下获得了幸福美满的人生。

用一句话来概括就是，地球上有3300多万人通过实践路·泰斯提出的方法，在工作上和商业活动中取得了成功，积累了财富，获得了周围人的尊敬，组建了幸福的家庭，享受了美满的人生。

自我肯定就是用基于某种规则组织而成的语言来不断地提醒自己。

只需要这么简单的操作就能彻底改变自己的人生吗？或许有人对此充满了怀疑。毕竟我们不是生活在魔法世界，怎么会有能轻而易举地改变人生的魔法咒语呢？

但请仔细地想一想，我们的所有思考都建立在语言之上。当然，有时候我们也会用画面来进行思考，可是如果对画面继续追溯，就会发现其源头还是语言。语言是我们用来认知世间万物（包括我们自己）的基础。

比如当我们看见朝阳时，心里会想到"好漂亮啊"，这可能是因为以前有人和你一起看朝阳的时候对你说过"你看，朝阳很漂亮吧"，你听到了这句话，所以心中才会产生这样的感觉。

很多人都认为"每个人都有自己的思考和主张"，实际上并非如此。除了感情之外，思考、判断、价值观等所有的一切，都是听别人说过、从别人那里学到之后，才变成"自己"的东西。

也就是说，**我们做出的每一个选择和行动，都是由我们曾经接收到的"语言"所决定的。**

前言

接收到"自己没能力"的语言的人,就会做出没能力的人的选择与行动。反之,接收到"自己有能力"的语言的人,就会做出有能力的人的选择与行动。

这不止关系到学业等仅凭自身的努力就能解决的问题。比如一个总是接收"我会变得富有"的语言的人,就会真的变得富有。此外,总是认为"我会和美丽的女性(或者英俊的男性)结婚"的人,不管自己相貌如何,一定会和美丽的女性(或者英俊的男性)结婚。我身边就有不少这样的例子,有的人出人意料地成了大富翁,还有的人和超级美女(帅哥)结了婚。

如果没能实现这些目标,完全是因为那个人接收了"不能痴心妄想""我肯定做不到"的语言。认为"我做不到",自己将自己束缚了起来,那当然做不到了。

要想拥有精彩的人生,关键在于心底坚信"自己能做到"、接收"我能做到"这个语言。

自我肯定就是将"我做不到"变成"我能做到"的自我改造的方法。只要掌握了这个方法,大脑就会接收"我能做到"这个语言,并引导你走上精彩的人生之路。

◎ 自我肯定能让目标自动实现

通过实践自我肯定，你能够立刻感受到效果。

一个是**切实地感受到从束缚自己和限制自己的语言之中解脱出来**。另一个就是对于一直以来认为"做不到"的事情，**敢于积极地去尝试**。

按照自我肯定的规则来组织语言，并用这些语言激励自己，就能够彻底改变一直以来你对自己的认知。路·泰斯将取得人生的成功称为"实现人生目标"，但这只是第一步。

通过自我肯定来不断强化自己对人生目标的认知，就可以使**"目的志向"**发挥作用。后文中将对"目的志向"做详细的讲解。简单来说，"目的志向"就是即便没有下意识地让自己做某件事，也会为了实现目标而引导自己的**"无意识的行动"**。

如果总是下意识地让自己去做某事，在重复的过程中难免会感到疲惫或厌倦。但如果能够让自己进入"享受"做某事的状态，那么不管重复多少次都是一种乐趣，自然不会产生疲惫和厌倦。

比如喜欢在互联网上"冲浪"的人，即便每天从早到晚都在上网也乐此不疲。为了实现人生目标，必须让自己进入这种"享受"做某事的状态。

在你的身边一定也能找到一两个这样的人。能够发挥目的志向的人，在"享受乐趣"的过程中，不知不觉地就完成了工作。即便他们没有下意识地思考"目标是××"，仍然能够实现目标，取得成功。

只要掌握了自我肯定的方法，你也能像他们一样取得成功，实现人生目标。

从这个意义上来说，**自我肯定也可以说是让目的志向发挥作用、自动地实现人生目标的方法。**

接下来，我将为大家简单地介绍一下本书的内容结构。

第一章，让我们一起思考究竟**什么是成功的人生**。

不管是大还是小，每个人都有自己的人生目标，而且每个人都希望能够将其实现。但是，很多人都没能实现自己的人生目标，白白浪费了自己的人生。

这是为什么呢？

答案很简单，**因为绝大多数的人都将"他人灌输给自己的目标"当成自己本来的人生目标**。只有从自己心底涌现的愿望，才能给自己带来内心的满足感。他人灌输的目标，就算实现了，也无法令自己感受到幸福。

如果你想获得成功的人生和真正的幸福，就必须找到从自己心底涌现的人生目标。可能有人觉得这很难做到，但只要找到了方法就会非常简单。

找到真正的人生目标的关键，就隐藏在你的语言之中。

第二章，我为大家介绍**语言对人类的重要性**。

语言不仅仅是交流的手段，更是宇宙本身。人类通过语言来认知眼前的事物，解释发生了什么。"工作就是……""社会就是……""人类就是……"，这些你深信不疑的事实，全都是通过语言接收的。

只要改变语言，不管是无法满足你的现实，还是让你深信不疑的束缚，都能在一瞬间被轻而易举地彻底改变和解开。

要想实现人生目标，就必须找到一直以来束缚自己的语言，并将其改变。

第三章，我为大家介绍**改变自我认知的方法**。

每个人都有"我是这样的人"的自我认知，并且习惯于根据自我认知来做出选择与行动。

完全按照自我认知来做出选择与行动是非常轻松的事情，我们可以自然而然地行动，沉着冷静地思考。所以，我们总是会努力保持这种自我认知而不去改变它。

如果你对自己过去的人生并不满意，那就必须改变自我认知。因为**继续保持一直以来的自我认知，你未来的人生都将是过去人生的重复**。你过去的人生，就是一直以来的自我认知所创造出来的。

通过改变自我认知，你的思考方式和处事态度也会随之改变，结果就会和之前完全不同。

同样，只要掌握了要领，改变自我认知也非常简单。

第四章，我为大家介绍**目的志向与使其充分发挥作用的方法**。

正如前文中提到过的那样，目的志向是无意识的行动。可能会有人认为无意识的行动是自己无法控制的，实际上并非如此。

我们的大脑，简单来说就是一个和计算机一样的信息处理设备。大脑会根据当时的信息状态产生相应的情感。而控制情感的这个信息，就是我们过去的记忆以及和记忆捆绑在一起的印象和情绪。

将人生目标灌输进自己的大脑（相当于给计算机编程）时，也需要用到印象和情绪。利用印象和情绪，给自己的大脑灌输"我已经实现人生目标"的未来记忆。**只要能够给这个未来记忆赋予足够的真实感，那么你就会自动地采取能够将未来记忆变成现实的行动。**

第五章，我为大家介绍**自我肯定的具体方法**。

虽然自我肯定只需要用语言提醒自己就能取得巨大的效果，但要想发挥目的志向的作用，实现远大的人生目标，必须采取一些更强大的方法。那就是除了语言之外，还要利用印象和情绪，让自己的大脑真实地感受到自己在目标实现时的状态。

路·泰斯将其命名为"I（想象力Imagination）×V（临场感Vividness）=R（现实Real）"的法则。

只要掌握了本书介绍的自我肯定的方法，任何人都可以从明

前言

天开始向实现自己的人生目标迈进一大步。

＊＊＊＊＊

路·泰斯先生出版过一本名为《自我肯定》（アファメーション）的著作，这本日文版书的监译工作是由我负责的。

《自我肯定》是学习路·泰斯先生发人深省的思想和绝妙方法论的最佳教材，但可能因为内容稍显深奥，很多读者提出了"希望有本书能够让我通俗易懂地学习自我肯定"的请求。于是我决定利用自己在认知科学领域的经验，按照TPIE（Tice Principle In Excellence，泰斯卓越原则）的方法对自我肯定进行简明扼要的讲解，最终有了本书的出版。

衷心期望本书能够为你改变人生、取得成功提供一臂之力。

还没有读过路·泰斯先生《自我肯定》这本书的读者，我强烈推荐你读一读。因为这不但能加深你对自我肯定的理解，还能使你切身地感受到路·泰斯先生迫切地想要将这个方法传达给世人的热情。

遗憾的是，路·泰斯先生在2012年从日本回国之后不久便离开了人世，结束了他76年的人生历程。谨以此书献给已故的路·泰斯先生。

苫米地英人

目　录

第一章
设定人生的目标

与其他成功法则的不同之处 / 3

"成功"与"人生目标"的差异 / 4

目标不能是"理想的现状" / 6

将目标设定在现状之外 / 7

解密语言机制的自我肯定 / 11

实现"真正想做的事情"的人类潜能 / 12

"语言"是把双刃剑 / 16

第二章
改变人生的"语言法则"

"语言"是掌控宇宙的原理 / 25

看到红灯就会停下的真正原因 / 27

"情绪"也由语言规定 / 29

信念决定认知模式 / 31

要想摆脱现状,首先要改变信念体系 / 34

改变信念体系的简单方法 / 36

练习描绘人生愿景 / 38

明确自己价值观的方法 / 41

小心"创造性回避"的陷阱 / 47

"必须"的想法会毁掉你的人生 / 50

将"必须"转变为"想要"的最快办法是改变态度 / 54

如何改变态度? / 56

第三章
改变自我认知和信念体系的方法

为什么积极思考的人能够取得成果？/ 65

每个人都在做的"有意识的思考"/ 66

"潜意识"既是实现目标的帮手，也是敌人 / 67

遵循自我认知的"创造性无意识"/ 68

你要维持自我认知还是改变自我认知？/ 70

自我认知是能够改变的 / 73

自我认知的固化阻碍你的成长 / 75

打破信念体系改变自我认知 / 77

新的信念体系带来新的目标 / 81

什么是"盲区"？/ 83

每个人都只活在自己想看见的世界里 / 86

盲区会使人看不见人生目标 / 88

"钥匙不见了"的神奇之处 / 90

成为社长和富豪的都是特殊的人吗？/ 93

控制"自我对话"/ 95

养成实现目标的聪明对话的习惯 / 97

第四章
将目标输入大脑的技术

为什么路·泰斯先生辞去高中教师的工作？/ 107

约翰·万次郎的自我肯定 / 109

关键词是想象、语言、情绪 / 113

实现目标的 3 个要素 / 114

目的志向的原则① 开始行动之前先做好心理准备 / 124

目的志向的原则② 改变想象之中的现实 / 126

目的志向的原则③ 设定目标时不要思考"到此为止"，而要思考"接下来" / 130

目的志向的原则④ 将不普通的事情变普通 / 133

目的志向的原则⑤ 不要让机会溜走，不给自己留退路 / 134

目的志向的原则⑥ 选择与自己的价值相符的东西 / 138

目的志向的原则⑦ 朝着目标成长 / 140

目的志向的原则⑧ 不要担心资源问题 / 143

目录

第五章
将你引向目标的机制

迈克尔·菲尔普斯为什么能成为"八冠王"？／151

目的志向引导你实现目标的机制／153

如何获得更高的效力和临场感？／154

升级舒适区的方法／157

大脑会将强烈的临场感当成"现实"／160

不断加强目标舒适区的临场感／162

让大脑选择目标的舒适区／165

新鲜柠檬的真实想象／167

自我肯定的方法／170

从现在开始进行自我肯定吧！／176

代后记　想象创造未来／183

延伸阅读／193

第一章
设定人生的目标

第一章
设定人生的目标

◎ 与其他成功法则的不同之处

怎样才能赢得人生的成功呢？

答案非常简单。

从现在你认为是理所当然的、平稳且无趣的、让你的心灵得不到休憩的纷繁"现状"中挣脱出来，这就是最快的方法。

从现状中挣脱出来，这种事情能做到吗？

只是改变现状就能使人生变得幸福美满，哪会有这样的好事。

你一定对此半信半疑吧，尤其是为了改变人生而尝试过各种各样自我启发方法的人更是如此。

现在世间流传的成功法则告诉你，要想取得人生的成功首先必须"明确目标""拥有使命"。当然，拥有明确的目标和使命，确实能够给实现目标提供强大的动力。

但明确自己的目标和使命，可不是嘴上说说那么简单。即便拥有"通过创业成为大富翁"或者"年收入一亿日元"这样明确的目标，但这种抽象度过低的目标完全无法和远大的愿景联系起来。结果就是，本应明确的目标反而变成了"理想的现状"，使你和"现状"愈发紧密地结合在一起。我身边就有不少这样的例子。

这样的成功法则可以说从一开始就存在巨大的问题。

因为要想取得成功，必须从无法令你感到满足的现状之中挣脱出来，朝着未来的新状态前进，但过于明确的目标和使命却会阻碍你实现这一目标。

路·泰斯先生和我亲身实践的TPIE，是让全世界3300多万人取得成功的培训方法的最新版本。而这个TPIE，绝对不会让你"明确目标"或者"拥有使命"。

◎ "成功"与"人生目标"的差异

路·泰斯先生在对他人进行培训时，从不用"人生成功"这种说法。因为"成功"这个概念，一定包括他人视角的评价。只有自己认为的成功并不能得到他人的肯定。

但路·泰斯先生也很清楚地知道，他人的评价没有任何意

第一章
设定人生的目标

义。即便一个人功成名就，获得了世人极高的评价，如果他本人的内心没有感到满足，那他就称不上是一个幸福的人。

所以我们从不用"成功"这个词，而是说**"实现人生目标"**。如果你能实现人生目标，当然会被他人看作是"成功人士"。但关键不在于他人对你如何评价，而在于本人是否能够获得心灵上的满足。用"实现人生目标"的表达方式，可以排除他人评价的影响。

TPIE中的"人生目标"，就是那些自我启发的方法里所说的"明确目标"中的"目标"。

但两者之间最大的区别在于，路·泰斯先生和我都不要求你去明确目标，而是告诉你**"人生目标不需要明确"**。

为什么不需要明确呢？你肯定会有很多疑问吧。绝大多数的自我启发方法都会说，只有先明确目标，才能找到实现目标的方法。如果按照这个逻辑来分析，就会得出"任何无法明确的目标都无法实现"的结论。

然而路·泰斯先生通过自己的亲身实践以及多年的培训经验发现，那些自我启发的逻辑都犯了一个致命的错误。而且，如果将目标设定在现状的延长线上，就永远也无法实现。也就是说，目标一定要设定在现状的延长线之外。

◎ 目标不能是"理想的现状"

关于目标为什么不需要明确,我将在后文中为大家做详细的说明,在这里我先给大家简单地介绍一下要点。

这个要点就是,**现在能够明确的目标,是处于现状之中的目标**。路·泰斯先生和我将其称为"理想的现状"。

根据当前的现状制定的目标,绝大多数情况下,都只不过是对本人来说的理想的现状。

比如你的目标是"在公司里得到认可,成为社长",那么"社长"就是在现状的延长线上的目标。

为此你需要去商学院学习,参加提高商业技能的培训,付出更多的努力。但你为了实现目标而做出的选择与行动,本质上来说和你之前的选择与行动没有任何区别。**当你以理想的现状为目标的时候,所采取的任何尝试都是肯定与维持现状的手段。**

通过维持现状而实现的目标,只能是理想的现状。而且就算成功地实现了理想的现状,也没有人会因此而打心底里感到自己的人生获得了满足。

每一个人都对现状感到不满。因为他们没能去做自己真正想做的事。

人类真正打心底里想做的事情,大多来自少年或青年时期的体验。当人们长大成人之后,真正想要做的事情,就隐藏在那个时候体验过的、令自己印象深刻的回忆之中。

当然,也有很擅长抽象思考的人,能够将自己从未体验过的事情设定为目标。

总之,我从没见过任何一个人,因为在组织中取得成功而兴奋不已、干劲十足、充满动力。一味地在组织中追求成功的人,就算实现了理想的现状,心中也总是感到不安,处心积虑地想要保住自己的地位,毫无疑问,他们对现状是不满的。

◎ 将目标设定在现状之外

让全家人都能过上幸福、快乐的生活;作为地区的领导者带

认知升级

领整个地区取得进步；为了解决世界面临的问题将世界各国的领导人团结起来……

这些才是我们应该追求的人生目标。

路·泰斯先生也将他的理论与解决南非种族隔离问题以及爱尔兰冲突问题的工作结合到了一起。事实上，让世界上的所有人都能够平等地生活，构筑一个和谐的世界正是他的人生目标之一。

"成为社长"之类的目标完全无法与如此宏伟的目标相提并论。就算为了实现这些宏伟的目标需要先成为社长，那么**成为社长也只不过是实现目标的一种手段而已。**

路·泰斯先生将这种人生目标称为"**现状之外的目标**"，并建议我们"**将人生目标设定在现状之外**"。

那么，究竟什么是"现状之外的目标"呢？

简单来说，就是**与现在的自己毫不相关、在当前的工作和环境中完全想象不到的远大目标。**

光是成为社长就很不容易了，那么远大的人生目标怎么可能实现呢……

或许有人会这么想吧。

但对于这个看起来理所当然的问题，路·泰斯先生只会一笑置之。

因为路·泰斯先生的想法刚好相反。

正因为是完全超出现状的、不在现状延长线上的人生目标，所以才能100%实现。

是否能够成为社长，这是一个概率问题，尤其在拥有众多员工的大企业之中，成为社长的概率非常低，几乎是不可能的。但**完全超出现状的远大目标，只要是你发自内心渴望实现的目标，就100%能够实现。**

自称"只是一名普通高中教师"的路·泰斯先生，成为深受各国政要和大企业信赖的世界知名培训大师，就是最好的证明。他能够取得如此辉煌的成就并没有什么秘诀，他只是给自己制定了非常远大的目标，并且从心底里渴望将其实现罢了。

关于这一点，世人普遍认为路·泰斯先生拥有过人的能力，所以才能取得巨大的成功。

这显然是搞反了因果关系。正如路·泰斯先生在其出版的著作中反复提到过的那样，因为他有想要实现目标的强烈愿望，所以自然而然地获得了实现目标的能力。也就是说，强烈的愿望在

第一章
设定人生的目标

前,因此产生了获得能力的结果。

路·泰斯先生常说:"只要有希望就能实现"。究竟怎样才能实现这一点呢?我将在本书中为大家揭晓答案。

◎ 解密语言机制的自我肯定

自我肯定,简单说就是自己用语言对自己进行肯定。

这是路·泰斯先生提出的方法论中,关于实现人生目标的核心技术。甚至可以说,当我们深入思考实现自己愿望的原理时,只要不断地用语言来肯定自己,就能实现人生目标。

路·泰斯先生在《自我肯定》一书中,已经对通过自我肯定实现目标的机制进行了解说。但他解说的原理,都是基于上一个时代的心理范例提出的。如今回过头来再看,我认为应该从现代脑科学的角度进行一些补充和说明,这能够使更多的人更好地理解实现目标的机制。

路·泰斯在《自我肯定》中将他的理念和方法毫无保留地传达了出来,可以说是关于自我肯定的核心力作。当我们将目光再次聚焦于这本名作时，我认为结合自己的知识和经验，创作一本关于这本名作的入门导读是很有必要的。

语言，确实拥有不可思议的力量。

选择什么语言以及选择用什么方法使用语言，能够决定一个人的人生。

这个世界上有许多讲述语言如何对人产生巨大影响的书。但遗憾的是，关于为什么语言会对人产生影响，阐明其中的机制和原理的书却很少，路·泰斯先生的《自我肯定》是其中之一。

对于想要摆脱现状、实现人生目标的人来说，一定能够通过本书更清楚地了解到其中的机制。

通过理解语言能够影响人生，你能认识到摆脱现状的意义以及设定更为远大的人生目标的必要性。同时，你也能够准确地把握为了实现人生目标而需要掌握的思考方法的全貌。

◎ 实现"真正想做的事情"的人类潜能

路·泰斯先生关于实现人生目标的方法论，既不复杂也不晦

第一章
设定人生的目标

路·泰斯 Lou Tice（1935—2012）

美国心理学家。自我启发、能力开发的世界权威。
培训创始人。
1935年出生于美国华盛顿州。
西雅图大学毕业后，在华盛顿大学获得教育学精神卫生科学硕士学位。曾任西雅图高中教师，与黛安夫人一起，研究人类成功的心灵机制。开发教育计划IIE后，于1971年成立了TPI（The Pacific Institute，美国太平洋研究院。总部设在美国华盛顿州西雅图市，全球58个国家每年有超过200万人参加培训的国际性教育机构）。
《财富》全球500强企业中的62%都引入了TPI的计划，在美国，包括NASA（美国航空航天局）、国防部（陆军、空军、海军、海军陆战队）在内的联邦政府机构和各州政府，全美警察局、监狱、小学和中学，甚至主要的大学等都采用TPI的教育计划。TPI为许多人的能力开发和自我启发做出了巨大的贡献。
此外，TPI还推出了包含美国认知科学最新成果的能力开发计划"PX2"，目前TPI已经在全世界范围得到了普及。

涩。我作为曾经和路·泰斯先生一起进行过项目开发的人，可以负责任地说，只要把握了这个方法的全貌，你就会发现这其实是一个非常简单的方法。

也正因为如此，自我肯定才能作为**有史以来最有效的培训项目在全世界范围内得到应用**。参加了5届奥运会、共获得23枚金牌的游泳名将迈克尔·菲尔普斯就是因为尝试了路·泰斯先生的方法，激发出了身体内的潜能。

无论如何都想要摆脱现状的人、渴望获得能够从心底感觉到满足的人生的人、想要成为意想不到的自己的人，你们的愿望必将实现！

人类在面对自己真正想要完成的事情时，不管前方有什么困难，或者客观来说有多么难以实现，都能够将其实现。

比如不知何时忽然成为世界知名艺术家的钢琴家，不知何时忽然成为世界顶尖学者的数学家，或者不知何时忽然成为世界知名企业家的创业者。原本在日本国内不为人知的人，忽然就成了世界知名人士。

他们之所以能够取得这样的成就，并不是因为"那个孩子从小钢琴弹得就非常好""念书的时候就很聪明"或者"有商业头脑

第一章
设定人生的目标

和创新精神",而是因为**设定了在现状的延长线之外的人生目标,并不断行动的结果**。只要有强烈的愿望,并付出超人的努力,最终也能如愿以偿。

这并不是只有具备特殊能力和条件的人才能做到的事。这与经济实力和环境条件不同,每个人将愿望变为现实的能力都是一样的。白手起家成为培训创始人的路·泰斯先生的成功经历就是胜于任何雄辩的事实。

因此,你现在首先要做的,就是改变自己的思想。这样你就能实现人生目标,能获得打从心底感到满足的人生。

◎ "语言"是把双刃剑

"我只是个普通人""不能奢求太多",这些在你心中根深蒂固的想法,就是你人生道路上最大的阻碍。"我根本没有实现这种愿望的能力",正是这样的想法将你捆绑在现状之中。

为什么我们会有这样的想法呢?因为语言。

第一章
设定人生的目标

在你之前的人生中,一定有人对你说过这样的话,或者你自己也对自己这样说过。只是因为不断地听到这样的话,人类就会对"自己只是个普通人""自己做不到"深信不疑。**语言是非常危险的利刃。**

但另一方面,语言的这种力量也可以反过来加以利用。方法也很简单,只需要对自己说"我是个了不起的人""我能做到"即可。这样你的心态就会变得非常积极。

如果能够掌握自我肯定的方法并加以利用,你还能取得更大的成就。你能够清楚地发现为了实现人生目标都需要做什么,每天的选择和行动都会自动地集中在实现目标所必须做的事情上。

由此可见,"语言"是把双刃剑。

只要利用得当,语言就是你最好的伙伴。但若使用不当,则会给你带来巨大的麻烦。

但请不必担心,只要你读完本书,就一定能够充分地利用语言,掌握自动实现人生目标的方法。

10年或者20年后,你一定能够实现期望的人生目标。

"自我肯定",就是用基于某种规则组织而成的语言来不断地提醒自己。

只需要这么简单的操作就能彻底改变自己的人生吗?或许有人对此充满了怀疑。毕竟我们并不是生活在魔法世界,怎么会有能轻而易举地改变人生的魔法咒语呢?

但请仔细地想一想,我们的所有思考都建立在语言之上。当然,有时候我们也会用画面来进行思考,可是如果对画面继续追溯,就会发现其源头还是语言。语言是我们用来认知世间万物(也包括我们自己)的基础。

第一章
设定人生的目标

> "自我肯定"就是将"我做不到"变成"我能做到"的自我改造的方法。只要掌握了这个方法,大脑就会接收"我能做到"这个语言,并引导你走上精彩的人生之路。

第一章
设定人生的目标

> 人类在面对自己真正想要完成的事情时,不管前方有什么困难,或者客观来说有多么难以实现,都能够将其实现。

第一章

设定人生的目标

> "我只是个普通人""不能奢求太多",这些在你心中根深蒂固的想法,就是你人生道路上最大的阻碍。"我根本没有实现这种愿望的能力",正是这样的想法将你捆绑在现状之中。

第一章
设定人生的目标

> 如果继续保持一直以来的自我认知，那么你未来的人生都将是过去人生的重复。

第一章
设定人生的目标

第二章

改变人生的"语言法则"

第二章
改变人生的"语言法则"

◎ "语言"是掌控宇宙的原理

语言决定人生

路·泰斯先生一直在向世人传达这个信息。除了他之外,我再也没有见过第二个人如此明确地肯定语言的力量。

事实上,他关于自我肯定的方法论,源于基督教的理念"In the beginning was the Word",直译过来就是"万物源于语言"。这也可以说是支撑其全部培训理论的非常坚固的思想基础。

因为基督教对日本人来说比较陌生,不信仰基督教的东方人可能难以理解语言的重要性,或许无法达到和虔诚的基督教信徒路·泰斯先生一样的认知境界。所以,让我们先来思考一下语言究竟是什么。

"万物源于语言"这句话出自《圣经新约·约翰福音》第一章第一节,全文如下:

"In the beginning was the Word, and the Word was with God, and the Word was God." ①

这部分内容对于缺乏基督教知识的东方人来说比较难以理解。意思是早在人类之前就有语言的存在，语言与神同在，语言就是神。

因为本书并不是宗教的解说书，所以关于这部分的说明点到即止，但"万物源于语言"的"语言"，可以看作是包括宇宙在内的世间万物的基本原理。

比如天体的运转、季节的变换、昼夜的更替等都遵循着一定的规律。而这个规律就是这里所说的"语言"。所以《圣经》中才说"语言与神同在，语言就是神"。

用神与人的关系来解释的话，语言就相当于人类与神的契约。通过与神签订契约，来规定基督教徒的思考和行动。

基督教的这种思考方式，对当今时代也有着非常强烈的影响。

比如西方社会的自然科学之所以发展迅速，就是为了证明神

---

① 此句中文常译为"太初有道，道与神同在，道就是神"。——编者注

的存在。当然,社会科学和人文科学的发展也都是为了同样的目的。亚当·斯密在《国富论》中提出的"看不见的手"这一非常著名的理论,也可以追溯到"万物源于语言"上。从这个意义上来说,西方发展的一切学问,其目的都是为了证明神的存在。

如果忽视了这一点,东方人对基督教世界观的理解就会出现决定性的差异。

◎ 看到红灯就会停下的真正原因

其实,即便在与"万物源于语言"的思想无缘的日本,一切也都是由语言规定的。

比如开车行驶到十字路口时,如果前面显示的是红灯,那么不管人行横道上有没有人都要停下。也就是说,因为道路交通法是这样规定的,所以我们看到红灯就会停车。

法律也是"万物源于语言"的"语言"之一。

日本在明治维新之后,迅速地引进了西方文明。在之前的江户时代,日本社会即便没有事无巨细的法律条款也能够顺利运

认知升级

万物源于语言

行。但到了明治时代，日本社会一下子变成了任何事情都要依照法律来进行判断。

于是，即便在对基督教比较陌生的日本，"万物源于语言"的理念也得以渗透并延续至今。

在当今世界，绝大多数的国家都通过资本主义来发展经济。企业需要创造利润，而利润则是由企业的会计原则定义的。

◎ "情绪"也由语言规定

这意味着我们都生活在一个由语言规定的世界之中。

乍看起来，我们眼前的世界是现实的世界，但实际上并非如此。不管是公路上行驶的汽车、挤满了上班族的地铁，还是建筑工地上正在被修建起来的高楼大厦，**一切事物都基于"万物源于语言"的语言法则才能成立。物理法则当然也是"语言"。**

就连我们认为每个人能够自由控制的情绪，也是由语言规定的。

比如看到银行账户上的数字增加而感到高兴，这就是被"数字"这个语言所规定的情绪。看到考试分数提高而高兴也是一样的道理。此外，我们还会在无意识的状态下遵循法律和社会规范。

只要生活在经济系统和受条约与宪法约束的近代民主主义系统之中，就无法摆脱语言的规定。

路·泰斯先生所说的"**语言决定人生**"，其基础就是对"**世界由语言组成**"这一大前提的准确认知。因为我们生活在一切都由语言规定的世界之中，如果想要在这样的世界之中实现人生目标，那就必须承认并接受语言对人生的影响。

因此，路·泰斯先生建议大家首先对自己说如下的话：

> 我能够成为更伟大的人。我能够做到更伟大的事。我能够取得更伟大的成就。首先从自己开始，通过与自己对话来创造可能性。

这是他在《自我肯定》一书的开头对读者所说的话，是为了引导出自身的可能性而进行的自我肯定。

你能够与自己对话吗？可能有的人还不知道怎样与自己对话，但这是掌握自我肯定的第一步。

请不必担心，读完本书后，你就能自然而然地与自己对话了。

◎ 信念决定认知模式

路·泰斯先生提出，"在绝大多数情况下，你能够实现什么目标取决于你相信什么"。这意味着你拥有的信念，决定了你能够实现的目标。

从脑科学的角度来说，信念就是人类前额叶和大脑边缘系统产生的认知模式。

比如因为在学校里遭到欺凌而不愿意去学校的孩子，就会对学校产生巨大的恐惧。虽然欺凌他的同学并不会真的要了他的命，但被欺凌的孩子却会对此产生比死亡还要强烈的恐惧。

这个孩子每当想起欺凌自己的那个同学，或者梦到被欺凌的情景，都会反复体验那种强烈的恐惧感。于是在前额叶部分就会形成这样一种认知模式。最终，即便他的母亲只是提到学校老师的名字，都会激活他大脑边缘系统中的扁桃体，使他产生浑身颤抖的反应。

在这种认知模式下，与学校有关的一切事物都和被同学欺凌的惨痛经历结合到了一起，所以，即便只是听到老师的名字都会产生浑身颤抖的反应。

这个例子或许有些过于极端，但每个人都毫不例外地拥有几个由前额叶和大脑边缘系统产生的认知模式。这些认知模式就是人类的信念体系。

信念是通过接收语言而建立起来的。

比如一个人认为"我做不了太困难的事情"，可能是因为有人对他说过类似的话，或者因为偶尔的失败而遭到他人的辱骂，这个人接收了他人的语言，从而产生这样的信念。

顺带一提，在语言的世界里，他人表现出来的态度也是一种语言。

像这样通过接收外界的语言而产生的许多信念，就形成了人类的信念体系。

第二章
改变人生的"语言法则"

信念体系

信念

◎ 要想摆脱现状，首先要改变信念体系

路·泰斯先生认为，**信念体系决定了我们的行动。**

比如在企业或社会中不管做什么事都平平无奇的人，就只拥有与生俱来的生物本能。对他们来说，人生目标只是维持现状，延续生命。

将维持现状作为人生目标和信念的人，当然只会停留在现状。这样的人不会去尝试现状中没有的事物，也不会去想象现状之外存在无限的可能性。

而且一旦产生这种认为现状是固定化的信念，就会被"永远也不会有变化"的错误认知所束缚。

我认为最有趣的，就是那些总是高声呼吁"必须改变世界"的人。

这些人认为世界存在许多不合理的地方，导致世界无法被改变，但实际上并非如此。这个世界每时每刻都在以超出我们想象的速度变化着。事实上，没有变化的恰恰是提出"必须改变世界"的这些人的信念体系。他们因为跟不上世界变化的速度，导致自己的行动难以取得理想的结果，却认为"必须改变世界"，将

第二章
改变人生的"语言法则"

失败的责任都推给社会。

认为现状是固定化的信念，就会导致这种严重的误解。事实上，现状一直是流动的，永远不变的现状根本就不存在。

路·泰斯先生曾经这样说道："如果你想要从现状之中摆脱出来，最有效的方法就是改变自己的信念体系。"

> 第一个采用"背越式"跳高的职业跳高运动员是迪克·福斯贝里，他凭借这项技术获得了1968年奥运会跳高项目的金牌。但在当时，几乎所有的田径教练都告诫自己的运动员，"不要模仿他的动作，他是一个怪人"。
>
> 现如今，几乎所有的跳高运动员都采用"背越式"跳高。
>
> 在1954年之前，所有人都认为人类不可能在4分钟之内跑1英里（约1600米）的距离。但罗杰·班尼斯特打破了这个认知。在那之后的4年间，人类40多次跑进4分钟大关。
>
> 这是为什么呢？
>
> 因为运动员们意识到4分钟的时间是可以突破的。

只要能够改变信念体系，就一定能够取得成果。不管是在公司还是在家，阻碍你的那些东西，都来自你的信念。只需要改变信念，你就能获得与之前完全不同的结果，开创幸福的人生。

◎ 改变信念体系的简单方法

改变信念体系的方法有两个。

一个是**设定人生目标**，另一个是**描绘人生愿景**。

为什么设定人生目标和描绘人生愿景就能改变信念体系呢？

因为没有设定人生目标和不能描绘人生愿景的人，就像是拿着一盏只能照亮现状的探照灯。

这个探照灯照亮的永远是同样的内容。如果总是看着同样的内容，不管你多么想要创新，也只能是不断地重复和之前一样的事情。要想打破现状，你必须拥有一个能够照亮其他地方的探照灯。

将人生目标设定在现状之外，就是获得新探照灯的最简单的方法。

第二章
改变人生的"语言法则"

照亮现状之外的探照灯

只能照亮现状的探照灯

当你将目标设定在现状之外时,那些你一直以来为了实现人生大事而准备的工具和手段,都会变得一文不值。那些为了维持现状而每天坚持的习惯,也会瞬间失去意义。就算你不知道为了实现目标应该做什么,但至少也能清楚必须采取和之前完全不同的行动。

将目标设定在现状之外,你的信念体系就会彻底改变。这将使你取得与之前完全不同的结果,带给你崭新的人生。这完全取决于你如何设定自己的人生目标。

◎ 练习描绘人生愿景

路·泰斯先生在TPIE中告诉我们,**必须将人生目标设定在现状之外。**

"现状之外"这个词可能稍微有些难以理解。

正如前文中提到过的那样,如果你想在自己就职的企业中成为社长,那么这个目标只是位于现状内的"理想的现状"。而"现状之外"指的是在A银行工作的人想要"在B国际机构出人头地"

第二章
改变人生的"语言法则"

这样完全出人意料的目标。也就是说,那些不管你如何努力维持现状也绝对无法实现的目标,就是现状之外的目标。

对于商务人士来说,现状之外的目标可以是现在的工作经验完全派不上任何用场的其他工作,或者创业之类的事情。

忽然让人设定这样的目标,恐怕很多人都难以做到。因为一直以来的信念体系会干扰你的思考。

关于设定人生目标的具体方法,我将在后文中详细说明。在这里,让我们先做下准备,也就是**练习描绘人生愿景。**

路·泰斯先生为了实现自己的愿景,毅然决然地辞去了高中教师的工作。在他那个年代,还完全没有"培训"的概念,也没有与"培训"相关的商业模式,他只是单纯地想要做这件事,就在没有任何商业计划的情况下直接提出了辞职。

虽然路·泰斯先生的行动看起来有些冲动,但那些渴望摆脱现状的人或多或少都会做出类似的选择。

据说他当时最先想到的目标就是收入。他想要获得比当高中教师多一倍的收入。他认为自己值这些钱。这个想法成为他描绘未来愿景的突破口。

"愿景"这个词在进入21世纪之后似乎已经被用烂了。在很多情况下，大家都会说"请描述一下你的愿景"或者"那个人没有愿景"。但另一方面，却几乎没有人思考过"愿景"的定义与内容。

路·泰斯先生和我对"愿景"的定义如下：

"愿景是在将来达到现状外的目标时，自己和世界的状态。"

这个定义的关键在于，通过维持现状而实现的"理想的现状"，绝对不可能成为愿景。

话虽如此，在尚未习惯设定人生目标的时候，要想完全按照我们的定义来描绘愿景，确实是一件非常难实现的事情。

因此，我希望大家能够放松心态，首先从自由地展开想象、**想象将来自己的状态和世界的状态**开始。

请具体地思考一下，你在自己的人生中想要什么：

想从事什么职业？

想获得多少收入？

想和什么样的人一起工作？

想开什么样的汽车？

想住在什么样的房子里？

想拥有什么样的家庭?

想过上怎样的精神生活?

但绝对不要怀着侥幸的心理只想过奢华的生活,住豪宅,开豪车。如果想获得比现在多10倍的收入,那就必须具体地思考为了获得这些收入自己需要付出怎样的努力。

此外,还需要更加深入地思考,一旦实现了这个愿望,那时候你会变成怎样的人,会采取怎样的行动,给周围的人带来怎样的影响。

这就是你向"目的地"迈出的第一步。

◎ 明确自己价值观的方法

为了描绘愿景,**明确自己的价值观**十分重要。

比如你为了什么而工作?毫无疑问,是为了过上富裕的生活。那么,你为什么结婚、为什么生子呢?或者说,你愿意为了他人和社会牺牲自己的利益吗?

你做出选择和行动的理由,来自你的价值观。

认知升级

描绘将来的愿景

第二章
改变人生的"语言法则"

认为只要自己过得好就万事大吉的人,就不会拼命地工作了。

如果只考虑自己,可能很多人会认为做一些非法的事情能够赚得更多。

世界上绝大多数的人都将自己的大部分精力投入到工作之中,给公司创造利润,赚钱养家,改善当地环境,希望别人也和自己一样幸福。

只要明确了自己的价值观,你就能更加清楚地描绘出自己未来的愿景。为此,路·泰斯先生提出了5个建议。

①想象自己最渴望的东西

请闭上眼睛努力地想象。将自己的心脏从身体里取出来,放在手心上2分钟。然后,在这个状态下对自己提问。

"我最渴望的东西是什么?"

答案可能是"渴望长生不老"。那么,请接着再问一下:"具体想要活多久,想要度过怎样的人生呢?"

不管是人生的品质,还是人生的长度,其实都取决于你的选择。请仔细地思考这一点。

②想象危及生命的事情

在遭遇生命危险的时候，人类最能够清楚地认识到对自己来说最重要的事情是什么。答案就是自己的生命。

生命也分品质的高低。就算永生不死但整日被疾病缠身也不行，最理想的状态是精神和肉体都能够永远保持健康。为此，人类需要创造能够使自己舒适生活的内部和外部环境。而这就是你想要的家庭生活、社会生活、地区生活的基础。

③感受痛苦

当感到痛苦时，人类会想尽一切办法去消除或缓解痛苦。暴力、迫害、压力、疾病……即便身处痛苦之中的是与自己毫无关系的他人，也很少有人会对此视而不见、漠不关心。自己亲身感受痛苦，是与他人共情的第一步。

路·泰斯先生认为，感受痛苦才能使人真正地关注自由和正义等人类最核心的价值观。这些价值观是你为了家人和他人谋求高品质生活的基础。

④思考什么事情能够让自己真正地感到幸福

让人打从心底感到幸福,其实是一件非常简单的事。

路·泰斯先生曾经说过:"和家人一起吃晚餐,看着孩子们开心地吃着美味的食物,就是至高无上的幸福。"他对给孩子们提供了安心、健康的成长环境的自己,感到心满意足。

每个人对幸福的追求各不相同,但排在前列的几乎都不是豪车、豪宅这些物质上的追求。甚至可以说,思想越成熟的人,对自我索取的追求越少,越能够在为他人付出上感到幸福。而且这种倾向似乎会随着年龄的增长而愈发强烈。

请你思考一下,什么事情能够让你真正地感到幸福,然后以此为基础描绘出自己想要的舒适生活、环境以及人际关系等未来的愿景。

⑤自问自答

请试着对自己提出以下的问题:

我这一生能够做到什么最有价值的事情?

我会为了什么而奋斗?

我会为了什么而付出生命?

认知升级

让愿景更加鲜明的 **5** 个方法

第二章
改变人生的"语言法则"

自由、权力、爱人、生活、健康、自然……可能你会想到许多答案,请从中选出对自己来说最重要的6~7个答案。然后将这些答案按照重要性排序,之后你就会发现自己的人生目标。

顺带一提,路·泰斯先生的答案中排在第一位的是精神生活,第二位是家人(家庭),第三位是工作,第四位是健康,第五位是地区环境。

据说他花了很长的时间来决定顺序。因为即便将精神生活放在第一位,如果家庭状况恶化一定会给精神生活造成影响,工作出现问题也很容易影响家庭生活,还可能对健康造成影响。

列举出来的这些重要事项,因为相互之间都有很深的联系,所以请务必谨慎思考。

◎ 小心"创造性回避"的陷阱

明确了价值观,你就有了朝着"目的地"前进的动力。

描绘愿景、拥有明确的价值观,你就不会再去思考为了抵达目的地"必须做××"的想法,而是会产生"想做××"的想法。

事实上，再也没有比"想做（want to）"更重要的想法了。因为"想做"的意识能够使你产生非常强大的创造力。而另一方面，"必须做（have to）"的想法则会使人产生逃避的意识，采取回避行动。

这就不得不提到人类为了维持现状而采取的**"创造性回避"**。

人类在遇到"必须做"的事情时，会在潜意识中寻找不做的理由。

路·泰斯先生在上中学的时候经历过一件事。

> 当时学校在体育馆举办舞会，按惯例，需要男生去邀请在体育馆另一侧的女生一起跳舞。路·泰斯虽然有想要邀请的女生，但因为害怕被对方拒绝，于是对同伴这样说道：
>
> "谁想和那些一点儿也不可爱的女生跳舞啊，我看还是算了吧，咱们去更有趣的地方玩儿。"
>
> 于是，为了避免尴尬，路·泰斯和同伴逃出了体育馆。明明想和女生一起跳舞，却只想到被拒绝时的羞耻，而没有考虑过成功时的喜悦。

第二章
改变人生的"语言法则"

上述例子中就存在着"必须去邀请(跳舞)"和"不能被拒绝"的想法。而正是这种"必须……""不能……"的想法创造出了"不想和不可爱的女孩跳舞""跳舞一点儿意思也没有"的借口。

潜意识产生的这些"创造性回避"在成年人的世界里可以说是司空见惯。

比如很多人都会找出各种各样的理由将"必须做"的工作一再拖延,更有甚者还会因为不愿意工作而患上抑郁症。当拿着医院的诊断书向公司请完病假之后,病情一下就好转了,而等到再次回到公司上班时,病情又急剧恶化了。

"必须"的想法会在潜意识的影响下使人停留在现状之中。

但是,摆脱现状朝着"目的地"前进,并不是"必须"做的事,而是你"想要"做的事。

在这种情况下,你的一切选择和行动,都源于"想要"和"喜欢"的想法。**这种积极的动机,能够激发出解决问题、消除对立、获得令人满意的结果的积极潜在意识。**

自然而然地,你就能够通过令人满意的结果获得满足感、成就感和喜悦感,享受实现目标的乐趣。

◎ "必须"的想法会毁掉你的人生

如果以"必须"为基准，你就无法实现高品质、充满自信的人生。

以"想要"为基准做出的选择和行动，都会带来理想的结果。因为只要是你"想要"做的事，并为此而倾尽全力，那么不管得到的是怎样的结果，你都能够对其负责。

但以"必须"为基准做出的选择和行动，一旦产生不尽如人意的结果，任何人都会立刻找出"本来我就不想做"的借口。因为"必须"的想法本身就缺乏接受结果和承担责任的态度。

"这是我的决定，这是我的想法。我之所以做好事，是因为我选择做一个好人。我之所以工作，是因为我想要工作。一切都是我自己的选择。"

这是路·泰斯先生经常做的自我肯定之一，但那些拥有"必须"想法的人，恐怕很难有这样的感觉。

路·泰斯先生曾经为一位名叫基普乔格·凯诺的肯尼亚中长跑运动员做过心理培训。他的目标是出战墨西哥奥运会，但在以

第二章
改变人生的"语言法则"

往比赛中,每次跑到剩最后400米时,他总会感到身体剧烈的疼痛。为了克服这个问题,他找到路·泰斯先生寻求心理学上的帮助。

> "在还剩最后一圈儿的时候,你在想什么?"
>
> 路·泰斯先生问道。
>
> "我想的是,必须跑完最后400米。"
>
> 路·泰斯先生认为基普乔格因为以"必须"为基准进行思考,所以才会感到痛苦,于是他这样说道:
>
> "有解决办法。当跑到最后一圈儿时,如果你觉得必须跑完最后400米,那就停下来,不要再跑了。去内圈坐下来休息一会儿。"
>
> "开什么玩笑,如果我停下来,比赛不就输了吗?"
>
> "是会输,但这至少会让你的肺部感觉好受点儿。"
>
> 基普乔格似乎有些生气。
>
> "您知道我为什么跑步吗?如果我能夺得奥运会金牌,国家会给我牛作为奖励,这样会让我的家人过上更好的生活。本来我家人为了送我来美国念大学,就已经做出了很多牺牲。所以,我不管是为了家人还是为了国家,都要赢得金牌。"

> "既然如此,那你就继续跑吧。你并不是必须跑步,而是你自己选择了跑步。我想知道的是你跑步的原因。因为你完全没必要强迫自己跑步,也没必要非得跑完全程。你随时都可以停下来。"
>
> "但我想跑步,我想赢得冠军。"
>
> "那就将注意力都集中到这个想法上来。任何时候都不要忘记,这是你自己的选择,是你想要这样做。"

基普乔格听从了路·泰斯先生的建议,在奥运会1500米比赛中为肯尼亚赢得了历史上首枚金牌,并且在5000米比赛中带病出战夺得银牌。

第二章
改变人生的"语言法则"

路·泰斯先生在书中这样写道：

> 几乎所有的失败者，人生中都只有"必须"的状况。他们不管做什么，都不会对自己的行为负责。而且在每次说"必须"的时候，他们不仅放弃了个人的责任，还放弃了自尊。"必须"意味着"这并不是我想做的事，而是在他人的控制下被迫去做的事"。在面对"必须"的状况时，他们总是会对自己说"虽然必须做，但如果让我选择的话，我会去做别的事情"。也就是，"我违背了自己的意愿，被强迫去做这件事"。

◎ 将"必须"转变为"想要"的最快办法是改变态度

绝大多数的人之所以会有"必须"的想法，大多是因为从他人那里听到过这样的话，被灌输了这样的思想。而灌输这种思想的人，大多是父母或者老师。

结果就是，在绝大多数人的信念之中，眼前面对的课题是"必须"做的事情。

第二章
改变人生的"语言法则"

要想将"必须"转变为"想要"最快的办法就是改变态度。

态度指的是当你遇到某件事情时,选择面对还是逃避的倾向(方向性)。为什么要改变态度呢?因为在态度的背后隐藏着信念体系。

路·泰斯先生经常用这样的比喻来进行说明:

假设你是一个大学生,而且认为自己"无法和左撇子的人相处"。但你在看宿舍分配的时候惊恐地发现,自己的室友中有左撇子。对你来说,这是一件非常严重的事。

可能有人觉得,这么点儿小事不至于那么烦恼。但这完全是普通人的想法。而且,如果那个左撇子室友也有"无法和右撇子的人相处"的态度,那事情就更糟糕了。

日本人对此可能难以理解,但世界上不同民族、种族或宗教之间的严重对立,和上述事例非常像。也就是说,正是"无法和对方相处"的信念体系错生出了对立的态度。

由此可见,被陈腐的态度所束缚,完全是一种无聊透顶的时代错误。

面对眼前的课题产生"必须"的想法,也是与之相类似的错误态度。

那么，应该怎么做呢？

答案很简单，**立刻改变态度**即可。

◎ 如何改变态度？

"我想改变态度，应该怎么做呢？"

经常有人这样问我。提问的人都认为"如果改变现在的态度，应该有另一种态度来取代它吧"。

并不需要，在这种情况下，关键在于改变本身，而不是要改变成什么态度。一直以来，在面对课题时采取的态度，当遇到突发情况时采取的态度，**这些态度是什么都无所谓，关键在于改变。**

比如因为从小就受到父母的高压教育，导致自己完全无法违背父母或上司的命令的人，有一天突然对父母大发雷霆。结果从那天开始，这个人仿佛变了一个人一样，变成了一个敢于提出自己的意见的开朗的人。

第二章
改变人生的"语言法则"

这个例子可能有些极端，但从他将态度改变为对父母大发雷霆的时候开始，之前那些因为接受父母的语言而建立起来的信念体系就全都被破坏掉了。**只要改变态度，就能使信念体系发生巨大的变化。**

我只是为了便于大家理解才举了这样一个极端点儿的例子。实际上，像将早晨7点起床提前到早晨5点起床，戒掉吸烟的习惯，或者不再看每天都看的电视节目，这些都能取得理想的效果。总之，只要将你之前一直理所当然地采取的态度彻底改变就可以了。

如果你仍然保持着现在的态度去追求愿景，你可能会产生消极的情绪。因为在你的信念体系之中，记录着对过去经历的情绪反应。而这些消极的情绪会驱使你反对和回避采取新的行动。

因此，你需要改变态度，破坏固有的信念体系，这是改变信念、描绘未来愿景的重要方法。

> 我能够成为更伟大的人。我能够做到更伟大的事。我能够取得更伟大的成就。首先从自己开始,通过与自己对话来创造可能性。

第二章
改变人生的"语言法则"

> 路·泰斯先生提出,"在绝大多数情况下,你能够实现什么目标取决于你相信什么"。这意味着你拥有的信念,决定了你能够实现的目标。

第二章
改变人生的"语言法则"

> 积极的动机，能够激发出解决问题、消除对立、获得令人满意的结果的积极潜在意识。自然而然地，你就能够通过令人满意的结果获得满足感、成就感和喜悦，享受实现目标的乐趣。

第二章
改变人生的"语言法则"

> 将目标设定在现状之外,你的信念体系就会彻底改变。这将使你取得与之前完全不同的结果,带给你崭新的人生。

第二章
改变人生的"语言法则"

第三章
改变自我认知和信念体系的方法

第三章
改变自我认知和信念体系的方法

◎ 为什么积极思考的人能够取得成果？

对于同样一件事，你持怎样的态度？

相信大家都能明白，这个态度会对人生造成巨大的影响。

比如有的人不管遇到什么事情都能积极地思考。这样的人即便遇到不好的事情，也能直面问题并立即改正，所以他们解决问题非常快。结果就是，与消极思考的人相比，积极思考的人能够取得更多的成果。

为了实现人生目标，思考方法至关重要。众所周知的积极思考实际上只是基础中的基础。在本章中，我将为大家介绍为了实现人生目标必不可少的思考方法以及掌握这些方法的窍门。

人类在做出选择和行动时的思考，大致可以分为3种。

①有意识的思考

②潜意识

③创造性无意识

◎ 每个人都在做的"有意识的思考"

有意识的思考，指的是我们平时有意识进行的思考。面对工作上的问题和课题有逻辑地找出解决办法，这就是最有代表性的有意识的思考。

但并不是只有逻辑思考才是有意识的思考。路·泰斯先生经常引用下面这个例子。

> 一个小学生在班级的学习发表会上演讲，因为是第一次登台，他演讲时非常紧张。听他演讲的同学们不知为何忽然笑了起来。站在台上的小学生感到不知所措，只能满脸通红地逃回自己的座位。结果同学之间就传出了一个谣言。
>
> "你知道吗，他上台的时候裤子的拉链开了！"
>
> 这段少年时代的屈辱经历，作为负面的回忆被牢牢地烙印在了他的记忆之中。
>
> 从那之后又过了25年，已经长大成人的他被当地的儿童俱乐部邀请发表演讲。他非常抗拒这件事。因为这使他回忆起小学时候的屈辱经历。于是他回答说："对不起，我太忙了，没时间准备演讲。"

第三章
改变自我认知和信念体系的方法

如果没有小学时期演讲时的屈辱经历,或许他会给出完全不同的回答。

路·泰斯先生举这个例子是为了说明,**有意识的思考未必能够得出逻辑上最优的答案**。逻辑上最优的答案,应该是给孩子们做一场精彩的演讲,让孩子们说"谢谢您给我们做了这么精彩的演讲"。每个人都有能力和魅力做到这一点。

然而,由于有意识的思考勾起了过去的回忆,导致他拒绝了这样的机会。问题在于,**很多人平时有意识的选择和行动,都是在这样的模式下进行的。**

◎ "潜意识"既是实现目标的帮手,也是敌人

潜意识,正如其字面意思一样,是潜藏着没有显露出来的意识。

路·泰斯先生将潜意识比喻为一个高性能的录像机。这个录像机记录着你的一切思考、语言、感知、想象、情绪……也就是记录着过去发生的事情以及当时的你。

潜意识会自动为你做出选择和行动。

比如系鞋带、开车、和别人打招呼，你不必去思考行动的方法和顺序，手和身体都会自动地做出行动。这就是你的潜意识在自动地控制你。

不过，潜意识中记录的不一定都是好的内容，也可能存在阻碍你成长的东西。

比如有的人在面对工作时，总是只看到困难的地方，总是思考做不到的理由。但如果你和他们交流一下就会发现，他们其实并不是"不想工作"，甚至绝大多数的人"很想将工作做好"。

既然如此，应该关注工作好的地方以及思考完成工作的方法，这样才能把工作做好，但他们就是做不到。因为记录在他们潜意识之中的负面反应自动地为他们做出了选择和行动。

潜意识中记录的内容，既可以是实现目标强有力的帮手，也可以是最大的敌人。

◎ 遵循自我认知的"创造性无意识"

根据路·泰斯先生的定义，**创造性无意识**指的是潜意识中

第三章
改变自我认知和信念体系的方法

与自我认知紧密结合在一起的无意识。可以看作是"我是这样的人"的信念体系潜意识化的产物。

比如一个人拥有"我是擅长深思熟虑的参谋型人才,不是统率组织的指挥官型人才"的自我认知,但当地政府建议他参加市议会议员的竞选。因为他有很多有利于当地发展和改善市政的想法与提案,政府认为他是做市议会议员的绝佳人选。

这个建议与他的自我认知完全相悖,所以他肯定不会答应参选。不管政府给他开出多么好的条件,他都会给出无数个拒绝的理由。最终的逃避借口就是"最近身体有些不适,恐怕不能如您所愿地完成工作"。本来他是一个对健康没有任何焦虑的人,为什么偏偏在这个时候感觉自己生病了呢?

之所以会出现这种情况,是因为站在舞台上表现自己是与他的自我认知完全相悖的行为。于是,**为了让自己恢复到与自我认知相符的状态,创造性无意识开始发挥作用**。也就是说,创造性无意识会努力地去维持你已经完全接受的现状。

通过了解生命所具有的稳态(维持内环境的相对稳定状态)机能,就能很自然地理解无意识的这种作用。

比如人在泡温泉的时候会出汗。人体正常的体温在36℃~

37℃，一旦超过这个范围，身体就会通过出汗来降低体温。

但泡温泉的人不需要有意识地去思考"体温上升了，必须出汗来降温，身体啊，快点儿出汗"。大脑会自动给身体下达指令，让身体出汗来降低体温。

这就是稳态。

通过完全不需要有意识控制的自动作用，人体就能够维持正常的体温。

创造性无意识维持现状的功能，就和稳态的机制一样。也就是说，人会在无意识中将自己从与自我认知相悖的状态恢复到符合自我认知的状态。

◎ 你要维持自我认知还是改变自我认知？

人类的选择与行动都来自前面提到的3种思考。

但同时，人类也拥有能够控制上述3种思考的力量，那就是**每个人都拥有的自我认知。**

其中，潜意识和创造性无意识总是会努力维持你当前处于统

第三章
改变自我认知和信念体系的方法

自我认知

治地位的自我认知。

比如你认为现在的自己很优秀、很成功、很健壮、很聪明、很有魅力……你的潜意识和创造性无意识都会努力地维持你的这些自我认知不崩塌。甚至可以说你无意识中的语言、态度、**行动，全都是潜意识和创造性无意识为了维持当前的自我认知做出的选择。**

维持自我认知就是维持现状。

事实上，维持现状对生物来说非常重要。

因为对生物来说，一旦脱离现状就有可能遭遇生命危险。在遥远且陌生的地方迷路的动物，很有可能遭遇天敌，被追到死胡同里。**对生物来说，现状之外的区域总是隐藏着死亡的危险。**为了延续生命，最好的选择就是停留在现状之内。

但这种逻辑对人类无效。

人类拥有梦想，会为了实现梦想而努力。所以，当人类获得能够实现梦想的能力时，会感到至高无上的喜悦。此外，人类还渴望探索未知，想看一看从未见过的风景，想找出从未见过的事物。

当然，人类也和其他生物一样，身体会通过稳态来维持生命。但另一方面，人类也知道自己并不能通过单纯地维持现状来获得满足。

究竟应该选择打破现状还是维持现状，不同的人会有不同的答案。但拿起本书的你，一定在寻找摆脱现状的方法吧。

◎ 自我认知是能够改变的

你有想过自己的自我认知是如何形成的吗？

自我认知究竟是什么？简单地说，**自我认知就是自己认为自己在他人眼中的形象**。也就是，不仅自己如此认为，而且在他人看来也应该是如此的"我是这种类型的人"的自我形象。

这种自我形象全都来自你的信念体系。

"我是这种类型的人"的信念，并不是从你的内部产生的，而是由于你接收了外部的信息才产生的。在这个时候，你会联想到所有相关的信息，对接收到的信息进行评价和判断，最终得出"我是这种类型的人"的结论。

也就是说，你通过接收外部信息，产生信念和自我认知。

比如你的父母告诉你"应该这样做"，或者训斥你说"不能这

认知升级

第三章
改变自我认知和信念体系的方法

样做",学校的老师和朋友对你做出的评价等。**过去外部的人发出的并被你接收的信息,创建了你的信念体系。**

很多人都认为自我认知是产生于自己内部、基于自己的个性、难以改变的自我形象,这种理解其实是错误的。自我认知其实来自外部的信息,所以并不是无法改变的。

只要你想改变,就可以轻而易举地将其改变。

◎ 自我认知的固化阻碍你的成长

要想持续保持自我认知,需要不断地重复接收与自己的信念体系相一致的信息。

因为如果接收了与信念体系不一致的信息,就无法使自我认知保持完整。

换句话说,你越是相信"我是这种类型的人",越是按照这样的方式行动,就越强化你固有的信念体系。如果你一直保持这种现状,**你的信念体系就会在外界信息的影响下愈发坚固,自我认知也会固化。**

在这个世界上,有许多类似的例子。

比如随着年龄的增长,老人会变得越来越顽固,这就是因为不断重复"我是这种类型的人"的行动,使得信念体系越来越固化。尽管世界每天都在不断地变化,年轻人身处的状况也和过去完全不同,但老人却总是重复着"现在的年轻人啊……"这样与时代脱节的说教。

在政坛历练数十年的政治家,无法忘记经济高速增长期的成功经验的企业家,都有同样的问题。他们多年来一直在强化自己的信念体系,无法从现状之中摆脱出来,自然无法给这个世界带来突破和变革。而且,世界明明已经发生了翻天覆地的变化,这些人仍然一成不变地重复着同样的行动,做着景气恢复的春秋大梦。

由此可见,**维持固有的信念体系是妨碍一个人成长的最大阻碍。**

当然,这并不是说"不要坚持自我",关键在于"坚持自我"时的"自我"究竟是什么。

如果今天的"自我"和昨天的"自我"是完全相同的,那肯定无法取得巨大的飞跃。要是你认为维持同样的自己也没问题,那你完全不需要采取任何特殊的行动,你的潜意识会自然地帮助你维持现状。就算你认为"必须做点儿什么才行"而开始尝试新的挑战,结果也只是不断重复和昨天完全一样的行动而已。

◎ 打破信念体系改变自我认知

要想实现人生目标,首先必须改变自我认知。如果被固有的自我认知所束缚,那你就永远也无法发现自己真正想要实现的目标。

怎样才能改变自我认知呢?

方法只有一个,那就是打破固有的信念体系。

打破固有的信念体系,关键在于将之前"我应该这样做""我必须这样做"的固化信念全盘推翻。

比如虽然无法从当前的工作中得到满足,但因为自己拥有较高的学历,认为必须在大企业中工作的人,在向上司提出"我要去寻找自己真正想做的工作,所以提出辞职"的一瞬间,就打破了固有的信念体系。即便还没有找到真正想做的事情,但在你为了寻找真正想做的事情而辞去现在工作的一瞬间,你一直以来的信念体系就被打破了。

如果做不到这么破釜沉舟，也可以试着改变态度。

通过改变态度也可以取得成功。在东证MOTHERS①上市的IT相关企业ADWAYS（爱德威，日本互联网广告公司）的社长冈村阳久就有这样的亲身经历。

冈村社长虽然没和松下幸之助见过面，但他在拜读过松下幸之助的著作后深有感触，从此就好像变了个人一样。以此为契机，他只上了短短两个月的高中就辍学从商，到一家公司做了一名推销员。

16岁的年纪就做上门推销，一定很辛苦吧。冈村社长在某次接受采访时说了一个有趣的故事。

> 我做上门推销工作的时候，如果有晚上9点之后的上门任务一般都是拒绝的。但后来我想到"或许有人就喜欢晚上有人登门拜访呢"，结果还真在晚上9点之后成功地卖出去了一些商品。

---

① 指东京证券交易所MOTHERS市场，MOTHERS是"Market of the high-growth and emerging stocks"的缩写，意思是"高增长和新兴股票市场"。——译者注

第三章
改变自我认知和信念体系的方法

通过这段采访的记录可以看出,年轻时的冈村最初对夜晚上门推销是有抵触情绪的。

他为了帮助公司赚钱而上门进行推销,为了公司的利益夺走了忙碌一天后回到家中的居民难得的休息时间。或许,他当时心中也对此感到厌恶吧。

在这种情况下,如果有推销员晚上到他家推销的话,他肯定会感觉很讨厌并且拒绝购买。这就是少年冈村当时的潜意识,也可以说是信念。

他本来也不想在晚上9点之后上门推销,但又不能违背公司的命令。

于是,他自然而然地使用了**改变态度**的方法。也就是,认为"或许有人喜欢",然后带着积极的态度去一家一家地拜访。

这种方法让他取得了成功。事实上,他确实遇到了许多喜欢深夜拜访的人。正是在这个瞬间,他一直以来认为"没有人喜欢晚上被打扰"的信念被打破了。

而且他或许还会这样想:

"原来也有人喜欢这么晚被拜访啊。那我一定也会有喜欢的

认知升级

第三章
改变自我认知和信念体系的方法

时候。"

这样一来,他对自己和世界的认知全都改变了。

有了这样的经历之后,即便深夜有上门推销的人敲响他的房门,他也不会条件反射般地采取拒绝的态度。因为在无意识中让他采取这种反应的信念体系已经彻底崩溃了。

这就是所谓的破坏信念体系。

◎ 新的信念体系带来新的目标

打破固有的信念体系,获得新的信念体系,能够使你发现前所未有的人生目标。

一旦一直以来束缚着你的"我是这种类型的人"的自我认知崩溃,人就会重新建立起另一个全新的自我认知来取而代之。

比如认为"我是一个干练的人,所以在东京从事游戏开发的工作最适合我"并且在涩谷的IT初创企业工作的人,在工作了几年后忽然跳槽到从事煤炭贸易的加拿大贸易公司。这就是因为固有的信念体系崩溃使他认识到自己其他的可能性,建立起了全新的自我认知，并且因此取得了令他人震惊的巨大成果。

像这样获得全新自我认知和信念体系的过程，也是发现自己真正愿望的过程。

顺带一提，我的人生目标是"创建一个没有战争和差距的世界"。

我的第一份工作是在三菱地所从事财务相关的工作，以成为国际化的商务人才为目标。在一流的企业中发挥自己的才能是件值得庆幸的事，这就是我当时的信念体系。

实际上，我真正想做的是创造性的工作。比如作曲、拍电影等。但这种愿望被我当时"在一流的企业中发挥自己的才能"这个信念体系给自动屏蔽了。

后来，公司派我去美国留学，我通过硕士课程接触到了认知科学和计算语言学之后，就决定辞职。与此同时，我也发现自己能够从计算机编程中获得喜悦和感动。于是，我从30岁开始到40岁的10年时间一直在从事和计算机编程有关的工作。

这使我发现了一个非常平等的计算机网络世界，并且将我之前认为权威和当权者应该得到尊重与肯定的信念体系完全地破坏了。

第三章
改变自我认知和信念体系的方法

我发现真正的权威并没有在世界的舞台上得到充分的认可，虽然他们并没有登上《新闻周刊》的封面，但还是会有人认识他们。我也想成为这样的人。我认识到这就是我真正的愿望。而"创建一个没有战争和差距的世界"的人生目标也是在这个时候发现的。

可能有人认为这是一个非常抽象且远大的目标，但现在我能够非常真实地感受到这个目标实现时我的状态。到了那个时候我会在怎样的环境中工作、和周围的人说什么话、采取怎样的行动等，这些未来的愿景产生了我现在的自我认知。

如果你也和我一样能够成功地打破固有的信念体系，那么一定也能够找到自己的人生目标。

◎ 什么是"盲区"？

要想打破固有的信念体系，关键在于找到盲区。

盲点原本指的是眼球上无法感光、无法视物的一个点。比如在眼睛观察正前方一点的状态下，将一个物体从旁边缓缓地向中央移动，当这个物体移动到某个位置的时候就会忽然消失，这个位置就被称为盲点。

心理的盲区并不像眼睛的盲点那样属于结构上的问题，而更像是一种受其他因素影响而产生的死角。

开车时后视镜看不到的范围、站在月台上看不到的被到站的列车挡住的区域等都会产生死角。

但死角也不全是由物理上的障碍物产生的，**人类的认知往往能够产生更大的死角。**

你有没有过在急着出门的时候却怎么也找不到钥匙的经历？本来有一趟很重要的出差，连车票都买好了。

在这个时候，"钥匙不见了"的焦急情绪会愈演愈烈。时间一分一秒地流逝，而你越是着急就越找不到钥匙。

终于彻底赶不上车了，你只能给对方打电话说改天再去。但就在打完电话之后，你忽然在客厅的桌子上发现了之前被你随手扔在上面的钥匙。

"这地方我明明找过好几次啊"，但现在后悔也来不及了，好不容易安排的时间和提前买好的车票全都白白浪费了。

虽然听起来感觉有些不可思议，但我们每个人或多或少都有

第三章
改变自我认知和信念体系的方法

过类似的经历吧。

为什么我们看不见摆在眼前的东西呢？

从认知科学的角度来说，这是**因为认知产生的障碍创造出了一个看不见的范围**。因为我们强烈地认为"钥匙不见了"，所以即便钥匙就摆在眼前，我们也看不见。"不见了"的信息使我们产生"不见了"的信念，结果这个信念创造出了同样的现实。

这就是"盲区"。

◎ 每个人都只活在自己想看见的世界里

每个人都有盲区。

如果从这个角度出发进行思考，就会发现一个很耐人寻味的事实。

那就是，**每个人都通过自己的信念体系来认知事物。**

比如认为"东京是日本最好的地方"的人，就会希望去东京工作、买房子、结婚生子。而且绝大多数的人也确实是这样做的。

在这种情况下，东京街道脏乱差、饮用水难喝、房价贵、生

第三章
改变自我认知和信念体系的方法

活成本高、每天通勤都人挤人、不适合孩子成长等缺点全都被无视了。

当然,这些应该是每个人都知道的常识,但拥有"东京是日本最好的地方"的信念体系的人,对这些问题和缺点根本没有任何实感。

另一方面,认为"在乡下生活最好"的人则会前往东京以外的地区,经营度假村之类的生意,并且在当地生活。

在这种情况下,收入只有东京的一半、去最近的便利店也要开15分钟车、晚上9点之后店铺就全都关门了、容易得传染病等缺点也被无视了。

如果你问在乡下生活的人"会不会感觉不方便",对方肯定会回答"不会"。像我这样在东京生活惯了的人可能会想,"骗人,明显很不方便嘛"。但在乡下生活的人完全不会这么想,因为他们确实没有感到任何的不方便。

值得注意的是,不管对哪一种人来说,认为"……最好"的信念体系都使他们看不到缺点。也就是说,**人类根据自己的信念体系来接受事物,而对于除此之外的内容则全都屏蔽掉了。**

这样的人不管是在物理的世界中还是在信息的世界中,都只

能生活在自己想看到的世界里。用一句话来概括，那就是：

你的信念体系决定了你的可视范围，但它有盲区。

这就是盲区原理。

◎ 盲区会使人看不见人生目标

因为每个人都有自己的信念体系，所以只要不改变固有的信念体系，人就永远只能看到自己一直以来接受的世界。而除此之外的世界则因为盲区的关系完全看不见。

现在你看到的现实世界，是你的信念体系创造出来的世界。你只看到了自己相信的东西，也就是你的信念体系显示给你的"世界就是这样的"。

路·泰斯先生这样说道：

第三章
改变自我认知和信念体系的方法

> 一旦产生了盲区,你就只能看到想看的,只能听到想听的,只能思考想思考的。"我战胜不了他们,不可能战胜他们""她不可能和我约会,绝对不可能""我们公司不可能被那家公司收购,因为之前从没出现过这样的收购"……类似这样将可能的选项直接排除的情况随处可见。
>
> 当你被一个意见、信念或者态度束缚之后,就会自动地将与自己相信的事物相矛盾的内容放入盲区。不管认知任何事物都先入为主,不管做任何事情都按照习惯。

在你思考人生目标的时候,因为有盲区的存在,所以打破信念体系变得稍微有些麻烦。

不管你多么想要实现人生目标,但只要你看到的世界是和昨天相同的,那么你付出的一切努力都无法消除你内心之中的不满。因为**实现人生目标的具体方法,并不在你现在能够看到的现实世界之中,而是存在于被盲区屏蔽的现状之外。**

在这种情况下,不管你为了摆脱现状采取什么样的行动,比如努力学习考取资格证书,或者为了提高工作技能而进行特别的培训等，这些辛苦付出都毫无意义。采取这些现状中能够看得见的行动，不仅不能帮助你摆脱现状，反而会更加强化现状。

那么，究竟应该怎么做呢？

◎ "钥匙不见了"的神奇之处

我们都养成了当目标被放在眼前时，首先思考实现目标的方法的习惯。因为我们从小接受的教育就是"先思考方法再开始行动，这是实现目标最有效的手段"。

在想要摆脱现状实现人生目标时，绝大多数的人也是首先思考方法。因此，人们完全无法想象那些不知道实现方法的目标。就算偶然间想象出来了，也会只是将其当成白日做梦，一笑而过。

一旦习惯了这种思维模式，即便有人对你说"不必思考方法，只想象一下将来想要实现的目标"，恐怕你也完全想不出来吧。

但实现目标的方法，根本就不在现状之内。反之，如果你设定了只需要用现在的方法就能够实现的目标，那么这也就意味着

第三章
改变自我认知和信念体系的方法

它并不是你真正想要实现的目标。这个能够通过现在的方法实现的目标,只不过是**将来的"理想现状"**罢了。

你不需要思考实现的方法。**首先,只要正确地设定目标**,接下来就可以通过盲区原理来找到实现目标的方法。

那么,要怎样才能正确地设定目标呢?

首先,必须**打破固有的信念体系**。之后,你就可以自然而然地消除盲区,看到自己真正想要实现的目标。

而要想打破固有的信念体系,最有效的方法是改变一直以来的态度。

请大家再回忆一下之前提到过的"钥匙不见了"那个例子。

如果我强烈地认为"钥匙不见了",那么这种信念就会创造出盲区,使我看不见就放在眼前的钥匙。

当然,焦急的情绪也会强化盲区的效果,但在陷入困境时,努力地用肯定的语言来安慰自己,往往能够有效地解决问题。

比如,自己对自己说"钥匙不见了的时候,一般就在眼前",结果你很快就会找到钥匙。只要带着"一定能够找到"的积极态度去寻找,就会很容易找到。

认知升级

第三章
改变自我认知和信念体系的方法

改变态度的方法有很多，**采取和固有的信念体系完全相反的态度**，或许是最好的方法。寻找人生目标时，也可以尝试用这种方法。

◎ 成为社长和富豪的都是特殊的人吗？

态度可以根据你的情况多次改变。

首先，**请尝试从你认为"做不到""不可能"的事情开始彻底地改变态度。**这样一来，之前被你排斥的可能性就会重新出现。"想出人头地，但凭我的能力不可能创业成为社长"，有这种想法的人就不可能成为社长。因为他的眼中只看到了"不可能"的世界，而"可能"的世界则被屏蔽了。所以不管有多么好的创业条件，他也完全意识不到。

此外，认为"我这一辈子大约只能赚2亿日元"的人，就不可能赚到比这更多的钱。因为他的眼中只能看到"一辈子赚2亿日元"的世界。尽管在他的视野之外还存在着许多可以赚取更多金钱的世界，但他却完全视而不见。

你是否有这样的想法：**成为社长和富豪的都是非常幸运的人，是极少数的、特殊的人。**

"不，其实非常简单。每个人都有机会。我也可能成为社长和富豪。"

请试着对自己这样说。然后重新审视街上来来往往的行人。

你会发现住豪宅、开豪车的人多得出乎意料。而且，仔细观察你还会发现，那些看起来很有钱的人，并不是特别优秀、特别聪明、特别能干。尽管并非全部如此，但在任何群体中都是普通人占绝大多数。

在得知了上述事实之后，你一直以来认为"只有特殊的人才能成为社长和富豪"的信念，是不是也开始动摇了呢？

你之所以没能像他们一样，完全是因为你的信念告诉你"我无法成为社长和富豪"。 只要你能认为"我也能成为社长和富豪，我也能做到"或者"只有特别的人才能成功，这根本就是骗人的"，那么你自然就能找到成为社长和富豪的方法。

改变态度，就能打破固有的信念体系，清除盲区。一旦清除了盲区，你就会发现许多新事物和新的思考方法。这样一来，你就能获得新的信念体系。

在这个过程中，你对人生的思考也会发生改变。你能够发现之前一直没能发现的真正的愿望和人生目标，那些位于**现状之外的人生目标**，都会清晰地呈现在你的眼前。

◎ 控制"自我对话"

不管是获得全新的自我认知和思考方法，还是改变态度，关键都在于"语言"。

而控制自己对自己说的话，就是第一步。

自己对自己说话，路·泰斯先生和我将其称为**"自我对话"**。事实上，人类每天都进行很多次自我对话。

比如"我怎么这么笨呢""这件事我也能做到""必须避免失败"等。前面提到的那个"钥匙不见了"也是自我对话。

只要能够控制自我对话，就能改变自我认知。不再对自己说消极的话，而是进行积极的自我对话。比如"我很优秀""这对我来说是小菜一碟""我只要尝试就能取得理想的结果"等，不管面对任何事都用肯定的语言来进行自我对话。

路·泰斯先生将这样的自我对话称为**"聪明的对话"**。

聪明的对话能够使你采取和语言相一致的行动。

语言的力量能够引发行动。

因为你的潜意识会命令你按照语言的内容行动。

正如前文中提到过的那样，固有的自我认知和信念体系会维持这个人的现状，使其一直保持在现状之中。"我是这种类型的人"的自我认知和信念，在这个阶段会成为妨碍成长的邪恶力量的源泉。

不过，我们也可以利用这种力量来促进自己成长。

通过聪明的对话来获得新的自我认知和信念，就可以使你自动地去维持新的现状。潜意识会自动让你做出维持新的自我认知和信念的行动，就算你不用下意识地去做，潜意识也会引导你实现目标。

路·泰斯先生这样说道："**所有有意义的、永恒的变化都是由内而外的。**"

第三章
改变自我认知和信念体系的方法

这就是实现人生目标（更准确地说是我将在第五章中说明的舒适区）的技术，是自我肯定的原理。也就是说，只要能够控制自我对话，就能利用潜意识的力量让你从现状中摆脱出来，开始采取能够实现目标的行动。

◎ **养成实现目标的聪明对话的习惯**

接下来，请你试着注意一下自己的自我对话，看一看平时自己都对自己说了些什么。然后试着从这些自我对话之中，将蔑视、讽刺、厌恶、敌意、对自己或他人的过低评价等负面的语言尽可能地排除掉。

这就是养成聪明对话的习惯的秘诀。

你的聪明对话的内容，是对他人的肯定评价以及对自己的肯定评价。当你做了正确的事情时，请对自己说"我干得不错"。当然，不需要说出声音，只要悄悄地对自己说就行了。

尤其需要注意的是，**绝对不要说像"我都干了些什么啊""为什么我总是做傻事"之类否定自我的话。**

认知升级

第三章
改变自我认知和信念体系的方法

当你对自己产生厌恶的情绪时,请思考"这不像我""这是个不错的经历",然后改正当时的判断和行动。接着思考再遇到类似状况的话应该怎么做,对自己说"下次我一定能成功"。

这是在自己的内部引发有意义的永恒变化的非常重要的第一步。

不过,就算通过聪明的对话使自己获得了全新的自我认知和信念,也不能认为"很好,我已经修正了自我认知,这就万事大吉了"。自我认知必须不断地修正才行。

只有不断地调整,才能构筑起全新的信念体系和潜意识,使你一步一步地向实现人生目标迈进。

> 意识思考，指的是我们平时下意识进行的思考。面对工作上的问题和课题有逻辑地找出解决办法，这就是最有代表性的意识思考。

第三章
改变自我认知和信念体系的方法

> 将目标设定在现状之外,你的信念体系就会彻底改变。这将使你取得与之前完全不同的结果,带给你崭新的人生。

第三章

改变自我认知和信念体系的方法

> 每个人都有盲区。
>
> 如果从这个角度出发进行思考，就会发现一个很耐人寻味的事实。那就是，每个人都通过自己的信念体系来认知事物。

第三章
改变自我认知和信念体系的方法

> 因为每个人都有自己的信念体系，所以只要不改变固有的信念体系，人就永远只能看到自己一直以来接受的世界。而除此之外的世界则因为盲区的关系完全看不见。

第三章
改变自我认知和信念体系的方法

> 要想实现人生目标,首先必须改变自我认知。如果被固有的自我认知所束缚,那你就永远也无法发现自己真正想要实现的目标。

第三章
改变自我认知和信念体系的方法

第四章

将目标输入大脑的技术

第四章
将目标输入大脑的技术

◎ 为什么路·泰斯先生辞去高中教师的工作?

担任高中教师的路·泰斯先生之所以辞去了工作,是因为他从华盛顿大学的教授那里得知了实现人生梦想的内在机制。

他在担任教师的同时,还担任学校足球队的教练。为了提高足球队的水平,他投入了大量的时间和精力。他向华盛顿大学的教授请教,也是为了提高自己队伍的实力。

但在接受了大学教授的指导之后,路·泰斯先生意识到这种方法不仅适用于强化足球队,还适用于所有的组织和个人。于是,他辞去了高中教师的工作,利用这种方法帮助他人、改善组织,并为了实现这个目标而开始创业。在那个时代,还完全没有"培训"这个概念。

提起创业之初的状况,路·泰斯先生这样回忆道:

> 周围人的反应大多是:"也就是说,要改变体系是吗?"
> "是的。"
> "您有多少做顾问的经验呢?"

> "完全没有。"
>
> "有没有博士学位,或者其他同等的经验呢?"
>
> "没有。"
>
> "在什么地方做过实地考察吗?"
>
> "哪儿也没做过。"
>
> "那么,您有什么资格证书吗?"
>
> "坦白地说,什么也没有。"
>
> 完全没有任何经验和资格证书的我,为什么相信自己能够实现这个目标呢?因为我坚信现在的状况并没有真正地发挥出我的潜能。

路·泰斯先生只有"利用自己学到的方法帮助他人、改善组织"这个目标。至于实现这个目标的手段,他完全没有。所以,每当他推销自己的时候,总是会像前文中说的那样碰壁。

即便如此,路·泰斯先生仍然战胜了前路上的无数困难,最终实现了自己的目标。因为他**将目标设定在了现状之外,消除了自己的盲区,所以能够看到实现目标所需的事物**。

我已经在前文中说明了相应的机制。但要想让这个机制有效

第四章
将目标输入大脑的技术

地发挥作用,还需要非常重要的一点,那就是**将人生目标像编程一样输入自己的大脑。**

接下来,我就为大家说明相关的方法。

◎ 约翰·万次郎的自我肯定

在这里,路·泰斯先生经常提到的"目的志向"这个词又再次登场了。

用一句话来说明,目的志向就是**不管别人怎么说,不管别人怎么做,不管面对什么阻碍,你真正想要实现的愿望都会在不知不觉间自然而然地实现。**

比如一个强烈希望学会弹吉他的中学生,不管他的父母如何反对,他的愿望都能实现。

没有钱买吉他可以借用其他人的旧吉他,没有房间练习可以在公园的角落里练习。练习的时候就算周围十分吵闹,或者酷暑难耐、寒风凛冽,他都感觉不到。因为能够弹吉他对他来说就是最大的幸福,在不知不觉中他弹吉他的水平会越来越好。

学习也一样。不管是自然科学还是社会科学，只要是渴望了解其中真理的学生，就会一天到晚废寝忘食地学习、思考、解决问题。

就算是能够用来学习的时间非常少的勤工俭学的学生，也会削减睡眠的时间来学习。在旁人看来这样学习可能非常辛苦，但对他们本人来说却完全不会有辛苦的感觉。因为他们能够从学习中获得快乐。而这样坚持几年之后，他们一定能够成为该领域的佼佼者。

那些历史上的伟人，大多是拥有强烈的愿望并且将其实现了的人。

比如江户末期前往美国，归国后成为开成学校的教授，并且在日美双方签订《日美友好通商条约》时担任翻译的约翰·万次郎，原本只是一个土佐渔夫的孩子。

他14岁那年在跟随大人们出海打鱼的时候遭遇海难，漂流到一个无人岛上，很幸运地被美国的捕鲸船救起。就这样，他作为捕鲸船船长的养子前往美国生活了一段时间。

万次郎在日本的时候从没上过学，所以他既不识字也不会算术。但他到了美国之后开始热衷于学习，在学校里学了英语、数

第四章
将目标输入大脑的技术

学、测量和航海术等。

毕业后,他成为一名捕鲸船的船员。但在得知美国西部的淘金热之后,他产生靠淘金来赚大钱的想法。结果他真的赚到了一大笔钱,并且凭借这笔钱在海难10年后重返日本。或许有人会说他是一个运气非常好的人,但每次思考他充满传奇的人生,我都不由得想到他渴望回到故乡的愿望有多么强烈。

河田小龙将万次郎的经历整理成一本名为《漂巽纪略》的书。读过这本书后我们不得不承认,万次郎在美国采取的所有选择和行动,目的都是回到故乡。

万次郎在美国一定吃了很多苦,但从他的描述中我们却只能感受到一帆风顺的奇幻人生。或许他也知道,只有不断地前进才是实现回国梦想的唯一方法吧。所以他才能沉着冷静地面对眼前的问题并且逐一将其解决。

万次郎可以说是发挥人类潜能将不可能变成可能,且最终实现真正愿望的绝佳范例。这就是目的志向。人类只要有真正想要实现的目标,就会在无意识中朝着目标前进并将其实现。

由此可见,**目的志向就是用目的论的方法促使自己前进,成为想要成为的自己。**

认知升级

第四章
将目标输入大脑的技术

实现人生目标，目的志向是最强有力的帮手。可以说，只要让目的志向发挥作用，就能自动地实现人生目标。路·泰斯先生和我开发的TPIE培训项目，可以让你用自己的力量埋下目的志向的种子，并且引导其发挥作用。

◎ **关键词是想象、语言、情绪**

要想掌握目的志向，最好的办法就是搞清楚**什么能够使目的志向发挥作用。**

让目的志向发挥作用的要素主要有3个。

首先是**想象**。就像前面提到过的例子那样，十分想要学会弹吉他的中学生，一定会想象自己能像吉米·佩奇和吉米·亨德里克斯那样弹奏吉他。

其次是**语言**。沉迷于吉他练习的中学生，肯定不会对自己说"这太难了，我根本练不好"。他一定总是对自己说"我能行"，不断地用肯定的语言来进行自我对话。和伙伴们一起练习的时候一定也不会说"练成这样就可以了"，而是会说"我们只要努力练习，一定能够弹得更好"。

最后是**情绪**。比如在练习吉他的时候，中学生想象自己将来登上舞台，在许多观众面前演出，心中一定会产生"太棒了""了不起"的幸福感。

人类在追求目标时，必然会调动起想象、语言和情绪这3个要素。

任何人都要先通过想象和语言来捕捉目标，然后通过想象和语言来调动情绪，使目标变得更加真实和具体。而在目标变得更加真实和具体之后，人类就能够将其实现。

这就是目的志向发挥作用时的机制。目标越真实、越具体，目的志向的效果就越好。换句话说，**目的志向就是通过想象、语言和情绪，将目标输入大脑的行动。**

◎ 实现目标的3个要素

实现人生目标的3个要素总结如下。

第四章
将目标输入大脑的技术

① 想象

你渴望的未来是什么样的？只要对未来有想象，你的五感就会瞄准这个目标。你看到的、听到的、触碰到的一切，全都会变得和之前不同。当设定人生目标之后，你大脑中描绘的自己的收入水平和社会地位等条件与环境也会随之发生变化。

这样一来，你可能会发现之前一直想要的东西变得一文不值，现状的环境也变得难以忍受。对现状产生强烈的不满，其实是一件非常好的事情。

与此同时，你对自己未来的想象也会变得更加鲜明和具体。

这里的关键就在于**充分发挥想象**。正如前文中提到过的那样，人生目标本身不必非常具体。你只需要想象在实现人生目标的时候，自己会是怎样的状态，在什么样的环境下工作，如何指导他人，和家人度过怎样的时光。

你的这种想象越鲜明，你就越能够将目标刻进大脑之中。

② 语言

为了让目的志向充分发挥作用，还必须注意自己的语言。就像前文中说明过的那样，你说的语言会影响你的信念。不同的语

115

认知升级

让目的志向发挥作用的3要素

想象

语言

情绪

言能够决定你前进的方向是好还是坏。

【自我对话】

你脑海中的思考是自我对话的一部分。每当你思考时，先决定一个基准，比如世界应该是什么样的、自己应该采取怎样的行动等。

路・泰斯先生这样说道：

> 我在与自己对话时，总是会告诉自己现状的世界是什么样的。我会根据自己的认知对经历的事情做出解释，通过思考来建立大脑之中的想象。这其中也包括自我认知。用自己的思考和语言来创建出自己的环境、极限与基准。

当拥有对未来的想象之后，为了实现目标所需的一切都会变成"想要""喜欢"的自我对话。如果没有发生这样的变化，则说明你想到的那个目标并不是你真正的人生目标。

新的想象能够使你对现状的不满变得更加鲜明，但不能因此而对周围的人恶言相向，或者诅咒自己所处的环境。因为将过错都怪在周围的人和环境上，正是一种肯定现状的行为。

同样，请尽量避免在自我对话时反复提起过去出现的问题和现在的麻烦。因为一旦想到过去的不好回忆，人就一定会被束缚在过去之中。

对于你来说，最应该关心的问题就是如何实现人生目标。而这是发生在摆脱现状之后的未来的事情，与现在以及过去的事情之间没有任何关系。**为了实现人生目标你所要做的只是想象未来、描绘未来，仅此而已。**

【秘密对话】

描绘出人生目标之后，每个人都会忍不住想要将这个目标和自己最亲密的人分享。尤其是身边有这种亲朋好友的时候，大家都愿意互相分享秘密共同成长吧。所以，**你可能也会想要将自己的目标分享给周围的人。**

但如果你真的渴望100%实现人生目标，最好不要这样做。

因为有些人在听完你说的话之后，可能会说"你可真是个奇怪的人，真的认为自己能够实现这么远大的理想吗"。

请想一想，你处于当前这个不满足的现状之中的原因究竟是

第四章
将目标输入大脑的技术

什么?

是能力不足吗?

是缺乏想象力吗?

还是视野狭窄?

应该都不是。

你之所以被困在现状之中,是因为有人告诉你"你只要保持这样就足够了"。你的父母或者学校的老师总是告诉你"不要痴心妄想"或者"不管做什么事情差不多就行了"。有人对你说过"你拥有无限的可能性,只要坚持就一定能够成功"吗?

这些语言决定了你的态度。

这些阻碍你实现梦想的人,被称为**梦想杀手**。当你将自己的梦想分享给他们之后,这些人肯定会在某一个时间点化身为梦想杀手。而他们对你说出的负面语言,则会扰乱你的心智。

请把人生目标悄悄地藏在自己的心底。

③情绪

设定人生目标时,情绪也非常重要。

在自我启发的学习会上,讲师经常会告诉你"设定目标,明

认知升级

确自己的任务",但就算照他说的做了,也很难涌现强烈的感情。

比如以"创建一流的料理店,接待全世界的顾客"为目标,提出"给所有的顾客提供舒适的环境和惊喜的体验"的任务。想象实现这一目标时自己的状态,或许会使人感到心情愉快,但会不会有种好像在喝已经没有了气泡的啤酒一样的感觉。

因为这并不是从自己多么兴奋、多么激动的角度导出的目标。而是先从料理店开始,以此为基础提出的目标和任务。也就是说,这并不属于自己真正想要做的事情。

如果不能从实现目标后自己的状态感受到强烈的情绪,就不能使目的志向发挥作用。没有情绪,就无法产生实现目标的热情。

事实上,在目的志向发挥作用时,你的大脑会感觉实现目标后自己的状态比现状更加真实。

关于这一点,我稍微进行一下说明。

以学习吉他的中学生为例,因为他拥有想要成为一流吉他表演艺术家的强烈愿望,所以他对自己存在普通的中学生的自我认知和一流吉他表演艺术家的自我认知。

这个中学生不能同时拥有普通中学生和一流吉他表演艺术家两种分裂的自我认知。

因此，这个中学生的**大脑会自动选择更加真实的自我认知**。这并不是他主动做出的选择，而是大脑的信息处理系统自动做出的选择。

结果就是，如果中学生抱有想成为一流吉他表演艺术家的强烈愿望，那么这种将来的想象的真实感就会更胜一筹。而且只要他一直努力地练习，将来他就一定能够成为一流的吉他表演艺术家。

反之，如果他认为自己是一名普通中学生的真实感更强，那么他的大脑就会选择这个自我认知，并随着时间的流逝逐渐忘记成为一流吉他表演艺术家的梦想。当他长大成人之后，可能会不无怀念地回忆说"我小的时候为了成为吉他表演艺术家努力地练习过吉他呢"。

综上所述，人类会选择真实感更强的自我认知，并采取与之相一致的行动。所以，你**必须对自己的人生目标感到真实。让自己的大脑自动选择实现目标之后的自我认知**。

将对人生目标的想象与情绪结合起来非常重要。路·泰斯先生这样说道：

第四章
将目标输入大脑的技术

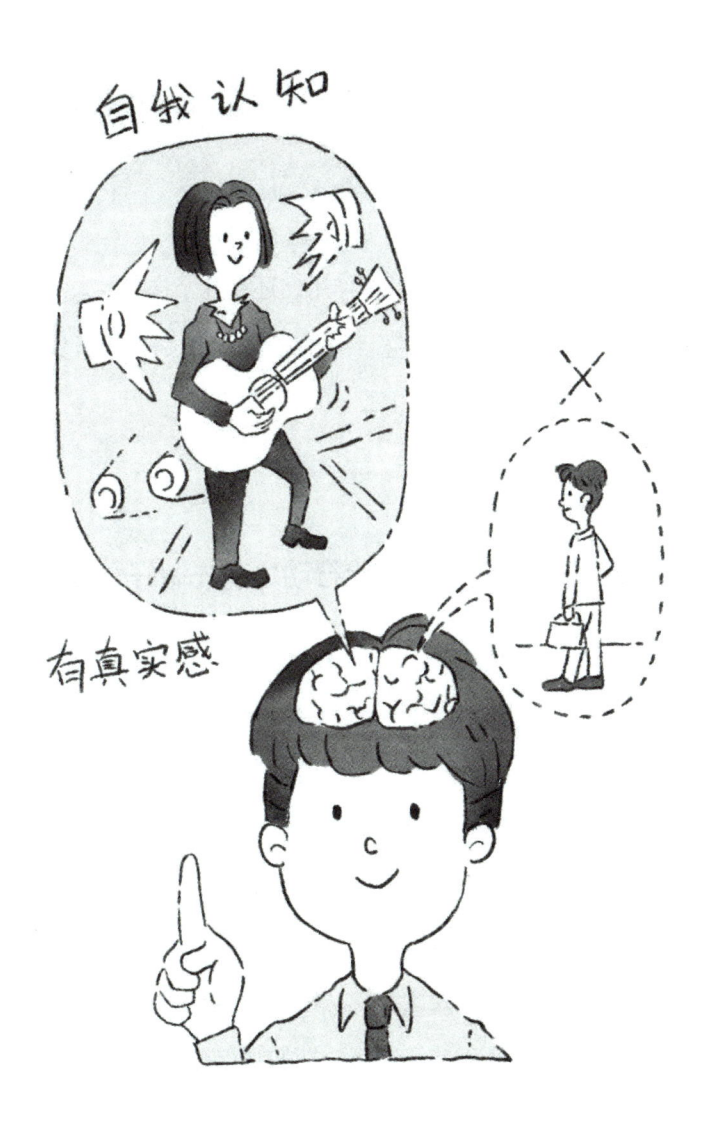

> 要想让大脑中的愿景、理念、目标或者未来比现状更加真实，必须使用情绪的力量。

要想让目的志向更好地发挥作用，还有几个技巧。

路·泰斯先生提出了掌握目的志向的8个原则，我对其进行了调整，使其更容易理解。

◎ 目的志向的原则① 开始行动之前先做好心理准备

心理准备，指的是让自己习惯对人生目标的想象。

正如路·泰斯先生所说，所有有意义的永恒的变化都是由内而外的。变化也是从大脑之中的想象开始，然后才扩展到现实世界之中的。

请试着想象一下实现人生目标时的状态。

那个时候的你一定处于和现状的舒适区完全不同的、遥远的另一个舒适区之中。所谓**舒适区**，指的是使你感到身心舒畅，能

第四章
将目标输入大脑的技术

够自然地行动和思考的区域。

实现目标之后的你,喝茶就不是在站前的咖啡店,而是在非常高级的会员制俱乐部的包厢里。而且在这个包厢里和你交流的对象,不是大企业的高管就是政府要员,或者是外国大使等举足轻重的人物。

也就是说,对于实现了人生目标的你来说,这样的场所和环境才是让你感觉最为舒适的,能够自然地思考和行动的全新的舒适区。

身处于现状舒适区之中的人,能够给那个处于全新舒适区的想象赋予强烈的真实感吗?

或许有人认为"想象那么夸张的事情,有点儿太难为情了"。如果你会有这种感觉,那这就是你无法获得全新自我认知的症结所在。

要想让目的志向发挥作用,实现目标,必须消除这种难为情的心理。你必须从现状的舒适区中摆脱出来,进入与想象的目标相一致的全新的舒适区之中。首先,你需要想象出在全新的舒适区中自由地行动的自己。

需要注意的是,**首先要做的事情不是行动,而是通过想象建**

立自我认知。

绝大多数的人为了实现人生目标都会从行动开始。但在全新的自我认知尚未巩固的情况下就贸然开始行动，很容易遇到问题。

这样一来，你就会一味地思考"应该怎么做才好"，这种陈旧的态度会将你设定的目标限制在"理想的现状"的狭小范围之中。在这种状态下，目的志向无法发挥作用。

为了获得全新的自我认知，请先做好心理准备。请真实地、具体地想象实现人生目标时自己所在的场所、自己掌握的能力、交流的对象、采取的行动和态度，等等。

而且要对这个全新的自我认知赋予强烈的真实感。

◎ 目的志向的原则② 改变想象之中的现实

大家知道电视广告在制作时的目标是什么吗？

路·泰斯先生经常举汽车广告的例子，**汽车广告最大的目标，就是让还在开着旧车的你对现状产生强烈的不满。**

第四章
将目标输入大脑的技术

比如在汽车广告中经常会出现驾驶席的画面,一位精英人士驾驶着汽车,前挡风玻璃外是一片壮阔的美景。副驾驶席上坐着一位美女,露出亲切的笑容,后座上还有一只名贵的宠物狗。

汽车广告里描绘的世界和绝大多数普通人的生活相差甚远。

在看到这样的广告时,你自然会对自己的状况和旧车产生强烈的不满。自己的老婆没有广告里的美女漂亮,住的房子也和那么名贵的宠物狗格格不入。而且就算开车出门,也没有机会欣赏到广告中那样的美景。

但汽车广告却给了你一种只要买这辆车就能够拥有这一切的错觉。你在反复看到这条广告的过程中,也会在自己的大脑里不断地刷新想要购买这辆车的自我认知。

于是,你愈发地不能忍受自己的现状(旧车)。最终,你就会做出"不管别人说什么,我都要买新车"的决定。

虽然被广告煽动而消费是很愚蠢的事情,但这种方法其实可以被用来实现人生目标。

路·泰斯先生非常明确地指出,"**设定目标就像是在自己的大脑中给自己做一个广告**"。

具体来说,就是在想象目标时,将与现实完全不同的"理想的现实"精致地包装进去，有意识地增强自己对现状的不满。这样一来，你的潜意识就会对现状感到无法忍受，产生"不管别人说什么，我都要实现目标"的想法。

目标与现状之间的巨大差异，能够激发出解决问题和实现目标所必需的能量。

假设为了实现目标，你喝茶必须在会员制的高级俱乐部的包厢里才行。你坐在精心保养的意大利皮沙发上，侍者端上来的茶具是高档的麦森瓷器，用来泡茶的水都是源自阿尔卑斯山的山泉水。

但你现在喝茶却是在拥挤的站前地下广场的咖啡店里。椅子又小又硬，坐起来很不舒服，泡的茶很难喝，用的茶具也都是粗糙的旧茶具。

于是你不由得抱怨起来，"这根本和我不配，这不是我应该待的地方"。

这样一来，你就会将实现目标的自我认知像做广告一样印在自己的大脑之中，并产生对现状一刻也不能容忍的强烈不满。

当你将全新的想象可视化之后，你就会对现状产生强烈的不满。这种不满必将给你带来改变。目的志向会激励你去追求全新的环境。

第四章
将目标输入大脑的技术

◎ 目的志向的原则③　设定目标时不要思考"到此为止",而要思考"接下来"

要想让目的志向充分地发挥作用,就一定要设定远大的目标。只要仔细地想一想就能理解其中的原理。

如果你设定了一个只要稍微努力就能实现的人生目标,那你现在就没必要破釜沉舟地朝着目标努力。因为哪怕你只付出一半的努力,甚至半路上去做些其他的事情,也一样能够实现目标。在这种情况下,**很多人都会碌碌无为地度过自己的人生。**

但如果你设定的是非常远大的目标,那就不能像这样游手好闲地混日子了。你不能耽误片刻的时间,必须将全部的精力都集中在目标上面。这样一来,你就能够以他人难以置信的效率实现远大的目标。

在设定目标时,应该尽可能将目标设定得远离现状。

这也是有原因的。

假设在你和目标之间套着一个橡皮圈,那么你和目标之间的距离越远,橡皮圈的弹力就越大,而弹力越大,你抵达目标的速度就越快。

第四章
将目标输入大脑的技术

为了增加橡皮圈的弹力，毫无疑问，将目标设定得越远越好。也就是说，**目标设定得越远大，目的志向就越能够发挥作用，你向目标前进的能量也就越大。**

人类的成长是没有极限的。

只要朝着目标前进的能量源源不绝，人类就会不断地成长。因为成长是生命中最大的喜悦，所以只要你不放弃对未来的追求，你的人生就永远不会变得无聊。

为了享受人生直到最后一刻，在即将实现目标的时候，请立刻思考接下来的"目标"。

正如橡皮圈原理所展现的那样，当你逐渐接近目标时，橡皮圈的弹力就会变小，将你推向目标的力量也会减弱。所以，在即将实现目标时，你必须立刻开始思考下一个目标。这样才能维持橡皮圈的弹力。

与此同时，你也要调整全新的自我认知，努力将下一个遥远目标的真实想象输入自己的大脑之中。

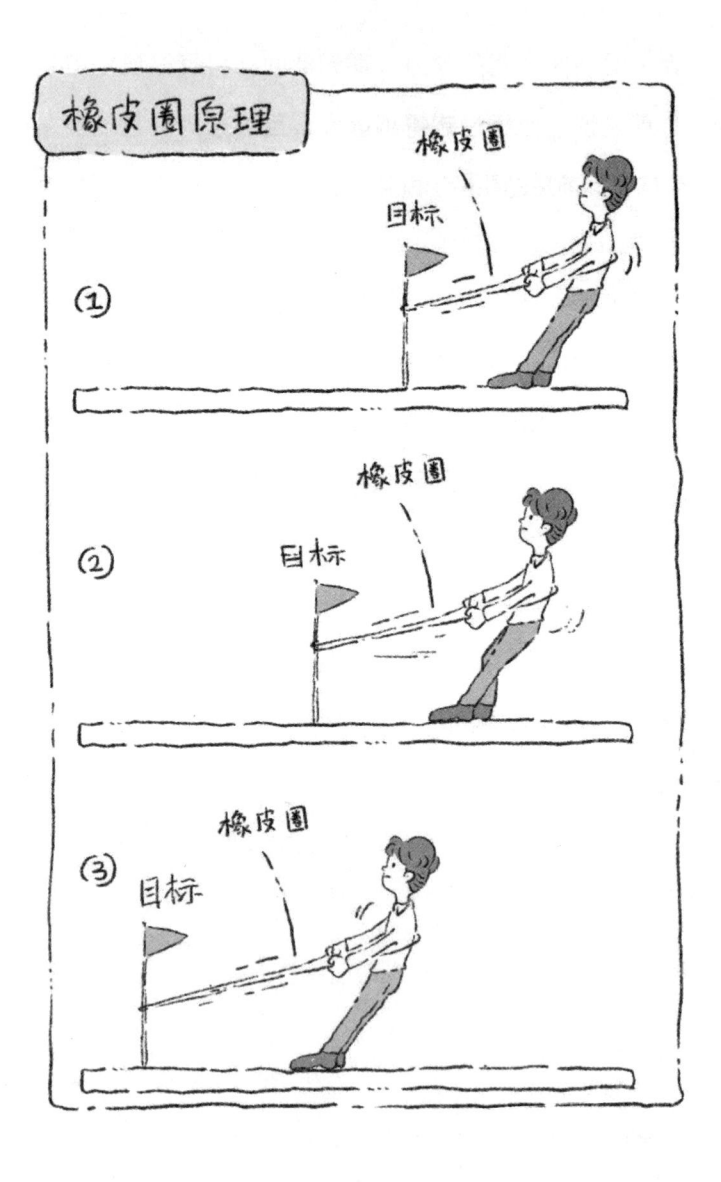

认知升级

橡皮圈原理

① 目标 橡皮圈

② 目标 橡皮圈

③ 目标 橡皮圈

第四章
将目标输入大脑的技术

◎ 目的志向的原则④　将不普通的事情变普通

实现目标之后的未来的你，一定会做出一些在目前的你看来非比寻常的事情。

路·泰斯先生经常用自己举办的盛大结婚典礼来举例说明。

他的婚礼派对持续了两天，邀请了1500名宾客，喝光了18桶啤酒和数不清的红酒，除了餐桌上的美食之外还有流动餐车24小时不间断地提供烤肉和爆米花等食物。现场不但有著名歌手和当地音乐家的音乐表演，还有骑骡子和打气球等娱乐活动。

对于以前的路·泰斯先生来说，像这样热闹的结婚庆典绝对是想象不到的事情。虽然只要花钱就可以准备出许多节目，但这并不能保证让所有的宾客都由衷地感到快乐。所以绝大多数的人都因为害怕被人说"整一些花里胡哨的无聊玩意"而选择"和其他人一样普通的典礼"。

但路·泰斯先生和他的妻子戴安却想尝试一下别人没尝试过的事情。于是他们随心所欲地提出了许多大胆的想法。

当时，他们采取的方法是将"这件事超乎寻常，大家肯定不会喜欢"的否定思考转变为"好主意，很期待"的肯定思考，并且通过"大家彻底地放松、娱乐，热热闹闹的场面仿佛就在眼前"的真实想象将自己的想法可视化。他们脑海中产生的真实的想象，将这些不普通的事情变得普通，从而使这场盛大的婚礼庆典取得了成功。

即便是对现在的自己来说非比寻常的事情，也可以通过自我肯定来强化成功时的想象，这样就能使不普通的事情变得普通。

也就是说，即便对现在的你来说是非常遥远的冒险生活或者激动人心的事业，也可以作为内在的经验进行真实的想象，通过将这种经验输入潜意识之中，就可以使你真正地实现这件事情。为了让目的志向发挥作用，改变内在现实的想象也非常重要。

◎ 目的志向的原则⑤　不要让机会溜走，不给自己留退路

设定人生目标之后，必然会伴随着责任与风险以及对自己的制约。

一般来说，目标越远大，为了实现目标而需要付出的努力就越多，越容易使人感觉无法做到。于是就会有人认为"不应该设

第四章
将目标输入大脑的技术

定和自己的水平不相符的目标"或者"刚开始的时候应该适当降低难度比较好"。

此外，做出将目标尽可能地设定得远离现状并实现这个目标的决定时，有的人也会产生"我真的能做到吗，这样做真的好吗"的不安。比如决定买新车，付了款、签了合同、马上就要提车的时候，忽然开始思考"我买这么贵的车，会不会有问题"。

在绝大多数情况下，这都是一种给自己的选择和行动留退路，以此来逃避责任的无意识反应。不愿意承担风险和责任的心情，会产生"和自己水平不相符的目标"和"不应该买这么贵的汽车"之类负面的自我对话。

这样做的结果就是让好不容易出现的机会溜走。

这里所说的"**机会**"就是**让目的志向发挥作用，让自己得到成长的宝贵机会**。

为了避免出现这种情况，我们**必须用积极肯定的自我对话来控制人生目标**。自己对自己说："做出如此果断决定的我，真是太了不起了。"

习惯了对事物进行复杂思考的人，可能会认为自己对自己说"我真是太了不起了"显得过于肤浅。这样的人往往认为以一种巧妙的方式回避责任和风险是聪明的表现。比如他们会优先选择"与成为了不起的人相比，保持现状避免受损更加明智"。

但当一个人产生回避责任和风险的想法时，他们的"效力"就会大幅下降。（关于"效力"我会在第五章中做详细的解说，这里大家可以简单地理解为"自信心"）

事实上，效力对实现目标有着非常重要的影响。

因为**没有"我是个了不起的人"这种效力的人，就完全无法激发出自己的潜能**。不管在工作上还是在生活上，那些完成了伟大壮举的人，无一不是**认为"我能做到"、拥有极高效力的人**。

即便如此，你可能仍然会烦恼"一旦失败的话应该怎么办才好"。

但实际上设定了人生目标的人绝不会失败。即便你没能取得想象中的成果，但只要你朝着人生的目标前进了，那就不算失败。

到了那个时候，只需要告诉自己"这种失败真不像我，但让我学到了很多宝贵的经验"。然后，只要真实地想象在遇到同样的情况应该做出怎样的选择和行动，改变内在的现实即可。

路·泰斯先生这样说道："我们会朝着自己想象的方向前

第四章
将目标输入大脑的技术

进，成为自己理想中的人物。"

如果你肯定那个设定目标并朝着目标前进的自己，就绝对不要给自己留退路。留退路的负面情绪，会调动起你的潜意识，阻碍你的目的志向发挥作用。

◎ 目的志向的原则⑥　选择与自己的价值相符的东西

真实地想象实现人生目标之后的自己，是为了决定将来自己的价值，提前习惯将来的自己。

因此，从设定好人生目标的那一刻开始，你就必须选择与实现目标之后的自己相符的东西，并习惯这个基准。

比如你在公司的工作中取得了巨大的成果，那么公司就会对你抱有更大的期待，给你安排更重要的工作。

在这个时候，如果你认为"这可能是个机会，但我恐怕很难取得更大的成果"，那你就会真的难以取得更大的成果。因为这种自我对话就等于是在告诉自己，"我可能没有持续取得巨大成果

第四章
将目标输入大脑的技术

的能力。最好不要对我抱有太高的期望"。

如果是实现目标之后的将来的自己,肯定不会进行这样的自我对话。那个时候的自己应该会想"这种程度的成果,我很轻松就能做到"或者"我要不断地取得让周围的人大吃一惊的成果"。

像这样,**选择与实现人生目标之后的自己的价值相符的思考方法非常重要**。这样做能够提高你的效力,而效力提高之后,你的工作热情也会随之提升。当进入这种状态之后,你的潜意识会发挥出创造性,目的志向也会发挥作用。

路·泰斯先生指出,为了决定与将来的自己相符的价值,首先可以观察自己的周围。观察你的服装、职场、家庭,就能知道自己能接受什么样的内容。

比如你职场的办公桌,是与实现目标之后的你相符的办公桌吗?忙碌了一天回家之后浴室的澡盆,或者为你恢复健康与活力的床品,都与将来的你相符吗?

如果周围都是不相符的东西,那就想象被相符的东西包围的自己,并将这个基准刻在自己的脑海之中,试着去习惯这个状态。这样一来,你就会对现状产生不满,潜意识就会引导你去实现目标。

◎ 目的志向的原则⑦ 朝着目标成长

不要给你的人生目标设定极限。不管看起来多么遥远、多么触不可及的目标，你都要打从心底认为一定能够实现，只要你相信，总有一天能够实现。

正如前文提到过的那样，人生目标设定得越远，将你拉向目标的力量就越大。但即便我告诉你尽量设定远大的目标，很多人一开始也很难想象出这样的目标吧。

在这种情况下，可以**先从对现在的自己来说过于远大的目标开始**。

设定目标时，一定不要从现实主义的角度出发。现实主义其实是一种以低于自身的能力来设定目标的思考方法。比如你有十成的能力，但只设定七到八成的目标，绝对不会设定超出十成的目标，这就是现实主义的思考方法。一旦接受了这种态度，你就永远只能取得比实际的能力更少的成果。

那么，目标要设定多大才好呢？

路·泰斯先生给出的建议是，将数字扩大10倍。比如你平时吃午饭花30元，那么目标的午饭就是300元。你平时穿500元的鞋

第四章
将目标输入大脑的技术

子,目标的鞋子就是5000元。平时开15万元的车,目标的车就是150万元……

这就是通过具体的数字来思考远大目标的方法。

除了这个非常简单易懂的方法之外还有一个方法。

那就是**提高目标抽象度的方法**。

这个方法不必设定年收入达到500万元这样具体的目标,而是用抽象的方法来描绘自己内心深处真正的愿望。

比如"给全世界的人民提供安全的食材,让他们感到喜悦"或者"解决能源问题,创造无核世界"等。

我的目标"创建一个没有战争和差距的世界"也属于其中之一。

当然,实现了这个抽象目标的自己,一定会受到全世界人民的尊重,并且获得与这一业绩相符的社会地位和收入。虽然无法计算具体的收入是多少,但我们仍然可以描绘出这个远大的目标,并且真实地想象实现目标之后自己的状态。

提出远大的目标之后,自己就会朝着这个目标成长。不断地告诉自己"我能做到",并对此坚信不疑,就能够加快你成长的速度。

认知升级

设定目标的方法

10.00
（小数点右移一位）

和平

（提高抽象度）

◎ 目的志向的原则⑧　不要担心资源问题

在设定人生目标时，完全不必考虑实现目标所需的资源。

可能你会觉得"没有资源的话就无法实现目标"，但实际上没必要从一开始就考虑资源的问题。因为当你设定好目标之后，就能够消除盲区，那些你之前一直看不见的资源自然而然地就会出现在你的面前。

"只要设定好目标，自然就能有新的发现。"

路·泰斯先生的这句话，只要参加过社区举办的捡垃圾比赛的人就能理解其中的含义。如果你在捡拾清单上列举出一些奇怪的东西，比如牙刷、眼镜、裤腰带等，那么你就真的能捡到这些东西。路·泰斯先生还讲过这样一件事：

> 我打算在自己的农场举办骑牛大赛，安排西雅图的工作人员负责这个项目。一开始，他们完全不知道要去什么地方找婆罗门公牛、牛仔、绳索以及其他所需的物料。但当他们开始打电话之后，发现不管是婆罗门公牛还是牛仔，到处都可以找到。而在此之前他们完全不知道这件事，他们甚至连一个牛仔都不认识。
>
> 后来，当我说"想将商业活动拓展到澳大利亚去"，员工的反应是"没问题，小菜一碟。既然我们能够在西雅图找到婆罗门公牛，那么在澳大利亚也一定能够成功开展商业活动"。

只要对人生目标有足够强烈的想象，就不必担心资源问题。如果周围人问"你的资金从哪里来""你的客户在哪里"，你完全可以回答说"到处都有"。

人类的感知能力是有限的，如果不设定目标，就会使这种能力进一步受到限制。而且，如果对目标没有强烈的想象，就无法使目的志向发挥作用，更加限制感知能力。

一切的关键都在于设定目标，以及强烈地想象实现目标之后的自己。

> 不管别人怎么说，不管别人怎么做，不管面对什么阻碍，你真正想要实现的愿望都会在不知不觉间自然而然地实现。

第四章
将目标输入大脑的技术

> 为了让目的志向充分发挥作用,还必须注意自己的语言。就像前文中说明过的那样,你说的语言会影响你的信念。

第四章

将目标输入大脑的技术

如果不能从实现目标后自己的状态感受到强烈的情绪，就不能使目的志向发挥作用。没有情绪，就无法产生实现目标的热情。

第四章
将目标输入大脑的技术

> 即便是对现在的自己来说非比寻常的事情,也可以通过自我肯定来强化成功时的想象,这样就能使不普通的事情变得普通。

第四章
将目标输入大脑的技术

第五章
将你引向目标的机制

第五章
将你引向目标的机制

◎ 迈克尔·菲尔普斯为什么能成为"八冠王"?

路·泰斯先生的众多弟子中,有一个叫马克·舒伯特的名人。

说起舒伯特,大家可能首先想到的是那个创作了《冬之旅》《天鹅之歌》等名曲,被称为"歌曲之王"的弗朗茨·舒伯特。而马克·舒伯特正是这位奥地利著名作曲家的后代。

马克·舒伯特可不是因为是弗朗茨·舒伯特的后代而出名的。事实上,马克·舒伯特是美国著名游泳运动员**迈克尔·菲尔普斯的教练**。

众所周知,菲尔普斯在15岁的时候就登上了悉尼奥运会的舞台(2000年),并在200米蝶泳比赛中取得第五名的成绩。随后他连续在国际大赛中取得优异的成绩,更在2008年北京奥运会上,成为前无古人的"八冠王"。

马克·舒伯特担任菲尔普斯的教练时,后者还只是一个在美国国内比较有实力的十三四岁的孩子,他对少年菲尔普斯进行了实现目标的培训。现在没有人质疑在奥运会上取得辉煌成绩的菲尔普斯的实力,但激发出菲尔普斯实力的正是马克·舒伯特的培训。

在菲尔普斯决定参加奥运会之前，马克·舒伯特就建议他将自己的目标可视化。当时，菲尔普斯甚至在美国国内的同年龄段比赛中都没有拿到过一枚金牌。

菲尔普斯每天晚上睡觉之前，都会盯着天花板，想象自己参加奥运会游泳决赛时的样子。 决赛出场的运动员都有谁，自己在第几泳道，自己怎样战胜最大的竞争对手夺得冠军，像这样具体地想象出来。

将对决赛的想象刻在大脑里之后再入睡，这是菲尔普斯每天必定要做的事情。

当想象自己在奥运会上比赛的场景时，他一定也会进行自我对话吧。比如"我是很优秀的选手。已经将第二名甩开这么远了"或者"游泳的时候我感觉最好"。

一边强烈地想象实现目标时自己的状态，一边对自己说实现时的事情，这就是自我肯定。

自我肯定为什么会有实现目标的力量呢？

第五章
将你引向目标的机制

◎ 目的志向引导你实现目标的机制

为了充分发挥自我肯定的力量,首先,必须理解**自我肯定、效力与目标**三者之间的关系。

很多人认为自我肯定是实现目标的方法。

"为了实现目标,必须每天坚持自我肯定。"

实际上,虽然自我肯定是实现目标必不可少的方法之一,但将你引导向目标的却是**目的志向**。关于将对目标的想象输入大脑的重要性,我已经在第四章中说明了。

自我对话和自我肯定之间存在着决定性的差异。

自我对话可以说是让你发现之前看不见的东西的方法。

比如早晨起床的时候对自己说:"今天感觉不错,一定会是很棒的一天",那么这一天肯定全都是好事。因为这种自我对话会变成一种信念,即便发生了不好的事情也会被屏蔽,你只能看到那些好的事情。

如果你的目标是度过完美的一天,只需要在早晨起床的时候用一句自我对话就能够实现这个目标。只要是可视且可控的目标,都可以通过自我对话来实现。

但人生目标并不是可视且可控的目标。

正如上一章中提到过的那样，为了让潜意识发挥作用使你能够自动地朝着目标前进，就必须将现状的舒适区提升为实现目标之后的将来的舒适区。只有现在的你真实地感觉到将来的目标的舒适区，你才会对现状的舒适区感到不满，在无意识中采取摆脱现状以及实现目标的选择和行动。

这就是**目的志向引导你实现目标的机制**。

从这个意义上来说，实现目标的关键，就在于如何**将想象中的未来的舒适区变为现实**。

也就是说，让现在的你对实现目标之后的舒适区产生强烈的真实感，同时还要真实地想象自己在这个未来舒适区之中自然的行动。

◎ 如何获得更高的效力和临场感？

那么，自我肯定和实现目标之间究竟是怎样的关系呢？

简单来说，要想将现状的舒适区提升为实现目标之后的舒适区，必须拥有**很强的效力和临场感**。而**自我肯定正是获得这两者最简单的方法。**

首先，从提高效力开始说明。

假设你作为日本的代表接受白宫的召见，要和美国总统进行交涉。

请先具体地想象当时的情景，比如房间内的气味、地毯的触感、美国政府高官们的表情、宽阔的会议室、与日本人的身材不相符的巨大桌子和椅子等，尽可能将细节都真实地想象出来。

或许对你来说，白宫是从没去过的地方，但请尽可能将这个从没经历过的空间具体地想象出来。你必须在这个地方将日方的想法传达给美国总统，避免对方做出不利于日本的决定。

> 在房间里等了一会儿之后，美国总统终于走了进来。你向总统表达了最大的敬意并开始做自我介绍。然后，你一边回忆自己初到美国时的感想，一边将自己对这次交涉的态度自然而然地传达出来。

> 美国总统不动声色地说道：
> "很好。那么，让我听听日方的想法吧。请讲。"
> 得到允许后，你没有一句废话，将自己的想法条理清晰地传达给对方，获取了美国总统的信任。

你对交涉时场面的想象越真实，就越会感到紧张和难以忍受。如果让现在的你承担如此重任，恐怕一定会感到坐立不安、根本没有办法保持自然的表情，也无法流畅地说话吧。

因为在白宫与美国总统进行交涉，是存在于你现在的舒适区之外的事情。

人一旦被突然扔到舒适区之外，就会连之前轻车熟路的事情也做不好。

比如上小学的时候第一次上台演讲，你有没有过双腿不停地颤抖、连路都走不了的经历呢？一旦你产生"不行，不能被别人看到这么丢脸的事情"之类的想法，甚至可能会在平地上突然摔倒。

由此可见，当人突然遭遇超出现状舒适区的场所、机会和人物时，会在无意识中与之保持距离，让自己回到原本的舒适区之中。

不愿摆脱现状舒适区的人，就算好不容易有机会登上盛大的舞台也会拒绝，就算有机会在派对上和伟人交流也不愿上前。

因为他们觉得与战战兢兢地逃出舒适区相比，还是在公司里从事平凡的工作、在小酒馆里和伙伴一起喝酒更加舒适。

◎ 升级舒适区的方法

如果一直保持现状，你的人生就不会有任何改变。要想改变人生，实现目标，就必须让自己适应目标的更高级的舒适区。

但人生目标的更高级的舒适区，对处于现状舒适区中的你来说，就像是与美国总统交涉的现场一样，是个让你感觉坐立不安的区域。

所以，你必须将"目标的高级舒适区是对自己来说最舒适的地方"这一认知输入自己的大脑。这就是我常说的**"升级自己的舒适区"**的意义。

如果你不将这个认知输入自己的大脑，那么不管你设定什么样的人生目标，都会在无意识中回到以前的舒适区。而一旦回到原来的舒适区，你就永远只能在现状的延长线上前进。即便你竭尽全力，所能够实现的也只不过是"理想的现状"罢了。

那么，怎样做才能将目标的高级舒适区输入自己的大脑呢？

方法很简单，只需要**拥有更高的效力**即可。也就是，感觉目标的舒适区最适合自己。

之前我在提到效力的时候，让大家先简单地理解为自信心。

这只是为了便于大家理解，其实在TPIE之中，对效力更准确的解释是"针对实现目标能力的自我评价"。也就是说，自己对自己做出"我拥有很强的能力"这一评价。

效力的重点在于，不是他人对自己的评价，而是自己对自己的评价。因为是自己对自己的评价，所以任何人都可以立刻获得更高的效力。只要对自己说"我拥有很强的能力"即可，在这个时候也完全不必给效力设置上限。

如果你不能立刻获得更高的效力，是因为你接收了"你是只有这些能力的人"这种他人的语言。尽管真正的你是无所不能的、拥有强大能力的人，但因为接收了他人的语言，导致你给自己的能力设定了限制。

第五章
将你引向目标的机制

升级舒适区

② 机会 / 更高的效力 / 强大的临场感 / 现状的舒适区

① 机会 / 现状的舒适区

要想解开他人语言对自己的束缚、提高效力，就需要自我肯定。通过"我是了不起的人""我能做到"这样的自我肯定，就可以逐渐地提高自己的效力。

一旦效力得到提高，你就能升级舒适区，将目标的舒适区变成对现在的你来说也很舒适的区域。

这样一来，你就能够在任何时候都采取实现目标的选择和行动，也不会在无意识中尝试回到原来的舒适区。

◎ 大脑会将强烈的临场感当成"现实"

接下来是**临场感**。

为了将你现在的舒适区升级为目标的舒适区，你必须对实现目标之后的自己和那个时候你所在的世界有非常强烈的真实感。如果没有强烈的真实感，目标的舒适区就只不过是画大饼而已。如果连你自己都感觉不到真实，又怎么能够将其变为现实呢。

路·泰斯先生这样说道："**想象将会成为现实。**"

为了让想象变为现实，不能只是空想，而是要给想象赋予强

第五章
将你引向目标的机制

烈的真实感。否则的话，目的志向就无法发挥作用，目标也绝对无法实现。

能够给想象赋予强烈真实感的就是临场感。

虽然我们平时在使用这个词的时候没有什么特殊的感觉，但在认知科学领域，临场感是极为重要的关键词之一。

因为人类的大脑会将临场感强的想象当成现实。

比如看电影的时候，我们会对大屏幕上出现的画面产生很强的临场感。在这个时候，我们的大脑会将大屏幕上的画面当成现实。所以我们虽然只是在看电影，却仍然会跟随着其中的情节出现手心出汗，甚至不由得发出惊声尖叫的生理反应。

看电影时的现实世界，可能是旁边坐着可爱的女孩，地上散落着爆米花的碎屑。绝大多数的人都知道这才是现实世界。

但尽管处在现实世界，可我们的大脑却仍然会因为大屏幕上的情节而产生生理反应。既然我们知道电影里的画面并非现实世界，为什么会产生这样的反应呢？

事实上，大脑认为属于现实的信息，不仅限于现实世界，而且大脑也无法区分信息的真伪。那么，大脑究竟是如何认知现实的呢？答案就是通过临场感。**大脑会将临场感最强的信息当成现实。**

看电影的时候，与电影院这个现实世界相比，大屏幕上展开的情节会给人带来更强的临场感，于是大脑就会将其当成现实。所以我们会出现手心出汗、惊声尖叫等生理反应。同样，阅读小说的时候，如果引人入胜的故事情节使我们产生强烈的临场感，大脑就会将书中的世界当成现实。

由此可见，**人类会选择自己感觉临场感最强的世界作为现实**。反之，就算眼前发生了非常重大的事件，如果无法使人产生强烈的临场感，那么我们也不会将这件事当成现实。

这就是认知科学的研究成果之一。

简单说就是，人类会选择临场感最强的世界生活。

这是一个非常重要的结论，在想要获得更高等级的舒适区时也会发挥出重要的作用。只要给目标的舒适区赋予比现状的舒适区更强的临场感，大脑就会自动地将目标的舒适区当成现实。

◎ 不断加强目标舒适区的临场感

要想给目标舒适区赋予极强的临场感，自我肯定是最为简单

第五章
将你引向目标的机制

将临场感强的世界视为现实

有效的方法。

我在第一章中提到过，人生目标不用十分明确。因为设定在现状之外的目标，一开始肯定是非常模糊的。

但因为模糊的目标无法像电影那样给人提供身临其境的感觉，目标的舒适区自然也很难使人产生临场感。

也就是说，即便设定了人生目标，肯定也无法立刻仿佛置身于实现目标之后的舒适区之中。

在这种情况下，我们首先要做的就是**不断地强化目标舒适区的临场感**。在不断强化临场感的过程中，也让舒适区与目标更加匹配。

关于自我肯定的方法，我将在后文中进行说明，打个比方，晚上躺在床上的时候，早晨起床的时候，或者坐电车通勤的时候，都可以强烈地想象人生目标，用自己创造的自我肯定的语言不断地激励自己。

自我肯定可以使你对目标的想象变得更加明快和鲜明。

比如你全心全意地投入到有意义的工作之中的身姿，给顾客带来感动时的热情，与新的商业伙伴热情交流时的模样，将充满希望的事业发展壮大时的行动，实现目标时的你，一定会有各种各样的状态。

即便是私人生活,也会有各种各样的场景,比如在高级的会员制俱乐部的包厢里休息、与亲朋好友一起举办家庭聚会、和家人一起坐豪华邮轮去海外旅行,等等。

想象这些渴望实现的场景,通过自我肯定强化临场感。

就算一开始的时候无法赋予很强的临场感,也不要放弃,一定要每天都坚持下去。不同的人可能花费的时间也不同,但只要坚持一两个月,你一定能够切实地感觉到临场感提升了。

而且从今以后,自我肯定将成为你人生之中不可或缺的日常习惯。

◎ 让大脑选择目标的舒适区

综上所述,**自我肯定就是让你的大脑自动选择目标舒适区的方法。**

只要掌握了这种方法,你采取的一切选择和行动,都会自动地以目标的舒适区为基准。

而这就是我们常说的"成长"。

当你和一个许久未见的老朋友再次相遇时,如果对方已经取得了一定的成就,举手投足间都透露着成熟与稳重,那么你会怎么和他打招呼呢?一定会非常惊讶地说"了不起,看起来就是个大人物"或者"真是充满了领导气质"吧。

对方之所以会产生这么大的变化,正是因为他从你记忆中的那个舒适区里摆脱了出来,进入了更高等级的舒适区。这种在更高等级的舒适区之中的言谈举止使你感觉到他获得了成长。

那些在社会上得到广泛认可的人,都是在自己的成长过程中获得了高等级的舒适区。

这些人大多是在无意识中做到了这一点。但就算是有意识去做的人,应该也没学过舒适区和自我肯定的理论。

但他们一定存在着共同点,那就是对自己将来的理想状态有非常强烈的想象,并且经常用"我能做到"对自己进行肯定。这能够使其获得**很高的效力和很强的临场感**,从而**提升他们的舒适区,使目的志向发挥作用**。

第五章
将你引向目标的机制

◎ 新鲜柠檬的真实想象

自我肯定并非只能依赖语言。

路·泰斯先生这样说道:"**关键在于语言、想象以及情绪。**"

也就是说,自我肯定是通过语言、想象和情绪提高效力、强化临场感的方法。其中充分地调动情绪也非常重要。

路·泰斯先生在演讲时经常用柠檬来举例。

他会让听众闭上眼睛、放松心情,然后让大家想象去厨房里拿一颗新鲜柠檬的情景。

> "走向冰箱,打开冰箱门,从里面拿出一颗黄色的柠檬。然后关上冰箱门,从厨房的抽屉里拿出水果刀,将新鲜的柠檬切开。拿起其中的一半慢慢地送到嘴边,先品尝一下新鲜柠檬的味道。现在,张大嘴巴一口咬下去。"

请你也像这样咬一口柠檬吧。

你一定会感到"好酸"。

这种真实的感觉来自你的记忆。

或许来自某个夏天登山途中从同伴手中获得的青柠檬,或许来自重感冒卧床不起时母亲亲手为你榨的柠檬汁。但不管怎样,在这种"好酸"的感觉之中,一定包含着清爽的心情和让身体充满能量的喜悦等深深地刻在你记忆之中的情绪。

在自己对自己说肯定的语言时,也要在真实地想象目标的同时,从心底将那些清爽的心情和激动人心的喜悦等积极的情绪调动起来。

语言、想象与积极的情绪联系到一起,更容易帮助你提高效力,强化临场感。

迈克尔·菲尔普斯每天晚上都在睡觉前将出征奥运会的场面可视化,就属于这种方法。他坚信自己一定能够获得参加奥运会的资格,并且将这种坚信转化为语言,想象自己在决赛时游泳的身姿,品味那种激动的情绪。

由此可见,语言、想象、情绪可以有效地提高效力,让自己相信目标的舒适区非常适合自己。

这个过程可以用以下的公式来表示。

I(想象力Imagination)× V(临场感Vividness)= R(现实

第五章
将你引向目标的机制

$$I(想象力) \times V(临场感) = R(现实)$$

Real）

这个公式意味着，想象实现目标之后的自己的状态，给这个想象赋予强烈的临场感，就能够将目标变为现实。

◎ 自我肯定的方法

最后，让我们对自我肯定的方法进行一下总结。

自我肯定有11条规则。虽然每一条都非常简单，但遵守这些规则才能充分发挥自我肯定的作用。

①只属于个人

自我肯定的语言要用第一人称。也就是说，自我肯定的主语如果是个人就是"我"，如果是团队或组织就是"我们"。

自我肯定的内容应该是你真心希望实现的事情，是你个人的思考。

不要被社会常识影响，也不要考虑他人的评价和想法。完全按照自己的价值观来设定自我肯定的内容。

第五章
将你引向目标的机制

②只使用肯定的表述方式，只添加肯定的对象

在自我肯定中，绝对不要使用"不想这样""不能这样"的表述方式。此外，也绝对不要添加"不想"和"不能"的对象。

因为当说出否定的语言和否定的对象时，你的效力就会大幅下降。

为了便于理解这一点，不妨观察一下当你说别人的坏话时自己处于怎样的精神状态。

比如你正全身心地投入到工作中时，忽然一个你讨厌的同事走了过来，你肯定会条件反射地进行"这家伙，总是自以为是"的自我对话。但与此同时，你也会失去工作的充实感与满足感。

这是因为当你说别人坏话时，会将自己的效力拉低到和对方一样的程度。想起讨厌的人或说别人坏话时的你，肯定也站在和对方一样的水平线上，用和对方同样的视角去认知事物。

即便你之前一直处于很高的效力状态，也会被拉低到和对方一样低的水平。

控制自我对话很重要，在自我肯定中尤其要注意这一点。

切记，在自我肯定中，只能使用"想要""能够"之类的肯定表述。

③以"实现了"为前提

自我肯定要以你现在已经实现了人生目标的想象为基础。

因为自我肯定是将你现状的舒适区提升至目标舒适区的方法。如果用"一定要实现××"来进行自我肯定,那么这很明显是以现状的舒适区低于目标舒适区为前提的。在这种情况下,你很难对目标的舒适区有真实的感觉。

所以在进行自我肯定时,一定要用"我拥有××""我正在××""我是××"等表示已经实现目标的内容。

④使用现在进行时

出于同样的原因,自我肯定的书面内容,全部要用"我正在××""正在发生"的现在进行时来书写。

⑤绝对不要进行比较

绝对不要将自己与他人进行比较。通过与他人进行比较而产生的目标,并不是你真正的目标。你需要找到的并不是相对的目标,而是你真正希望的、绝对的目标。

⑥使用表示"行动"的语言

在进行自我肯定时,要在描述自己实现目标后采取的行动上多下功夫。比如"我不管面对社会地位多高的人,都会面带亲切的微笑,用自然大方的言谈举止跟对方交涉"。

使用表示"行动"的语言,可以让自己对实现目标时自己的状态有更加鲜明的想象。

⑦使用表示情绪的语言

实现目标时,你是怎样的心情?使用能够让你将这种心情准确地想象出来的语言来进行自我肯定。

将表示情绪的语言和之前体验过的"快乐""兴奋""舒畅""激动"等情绪结合到一起。

与情绪结合到一起之后,可以增强实现目标后的临场感,使想象更加真实。

如果用更复杂一点儿的说法,那就是**创造未来的记忆**。只要拥有真实的未来记忆,你将来一定能够将这个记忆变成现实。

⑧提高记述的精度

自我肯定的内容并不是创建一次之后就万事大吉了。在每天对自己进行自我肯定时，如果发现有需要调整的地方，就要及时地进行修正，提高自我肯定的精度。

如果感觉自我肯定的内容中存在多余的语言和不准确的表述，也要及时改正。

精心地组织语言、对自我肯定的内容进行调整，能够使你的想象与目标高度一致，更有助于实现目标。

⑨保持平衡

人生目标不仅限于工作上，职业规划、家庭、人际关系、财产、居住环境、地区活动、精神健康、身体健康、空闲时间等，只要是存在人生意义的所有领域都能够设立人生目标。

没有人会为了在工作上取得成功而舍弃身体的健康。我们追求的幸福，一定存在于工作和生活两者相平衡的人生之中。

请尝试将不同领域的目标进行组合，找出最具平衡性的人生目标。同时，也要保证不同领域目标的自我肯定相互之间不能出现矛盾。

⑩保证真实

自我肯定的内容一定要尽可能地真实,就好像自己实现目标之后的状态能够跃然纸上一样。

⑪保密

除了你的培训师之外,绝对不要对其他任何人透露你自我肯定的内容。因为一旦你透露了,就一定会有梦想杀手出现,阻碍你实现目标。

此外,共享自我肯定的内容也不会给你带来帮手。你的目标只能凭借你自己的力量来实现。能给你提供帮助的只有正规的培训师,但也仅仅是些微的帮助而已。

自我肯定是只属于你个人的工具。不管是你的目标还是自我肯定的内容,都要好好地保护起来,使其尽可能地远离他人的评价。

◎ 从现在开始进行自我肯定吧！

按照上述11条规则，你也试着建立自己的自我肯定吧。然后，请坚持每天进行自我肯定。

虽然每天进行自我肯定的时间并没有规定，但最好的时间是晚上睡觉之前。

睡觉前是我们的心情最为放松的时候，而且在这个时候进行自我肯定之后直接入睡，也能够使自我肯定的内容更好地固定在记忆之中。

准备几个自我肯定的语言，养成每天睡觉前进行自我肯定的习惯，能够使你的效力得到极大提升。同时，你的自我认知也会发生改变，真正想要实现的人生目标会逐渐地变得清晰起来，你也开始能够对目标实现之后的舒适区进行具体的想象。随着你发生的这些变化，每天睡觉前的自我肯定也可以将想象和情绪都调动起来，使自我肯定发挥出更大的效果。

比如对自己说自我肯定的语言，想象实现目标后自己的状态。同时，将自己人生中品味过的最强烈的感情（如被爱的幸福感等）和想象结合起来。

从没做过的人可能会感到有些困难，但将过去的感情和未来的想象结合到一起，只要习惯之后就会变得非常简单。

首先，连同当时的场景一起回忆过去的感情，然后，将场景改变为未来的想象。当场景发生改变时，过去的感情的强度可能会有所减弱，但多尝试几次之后就不会出现减弱的情况了。当彻底习惯之后，你就可以不再回忆过去的场景，单独地将过去的感情提取出来。

这就是I×V=R公式的实践方法。

自我肯定能够提高你对目标舒适区的临场感，让你获得更高的效力，使你从现状中摆脱出来。

这样一来，你就能发挥目的志向的作用，朝着人生目标前进。

> 当人突然遭遇超出现状舒适区的场所、机会和人物时，会在无意识中与之保持距离，让自己回到原本的舒适区之中。

第五章
将你引向目标的机制

> 如果一直保持现状，你的人生就不会有任何改变。要想改变人生，实现目标，就必须让自己适应目标的更高级的舒适区。

第五章
将你引向目标的机制

> 尽管真正的你是无所不能的、拥有强大能力的人，但因为接收了他人的语言，导致你给自己的能力设定了限制。

第五章
将你引向目标的机制

> 只要给目标的舒适区赋予比现状的舒适区更强的临场感,大脑就会自动地将目标的舒适区当成现实。

第五章
将你引向目标的机制

> 在自己对自己说肯定的语言时，也要在真实地想象目标的同时，从心底将那些清爽的心情和激动人心的喜悦等积极的情绪调动起来。

第五章
将你引向目标的机制

代后记
想象创造未来

马克·舒伯特

◎ 迈克尔·菲尔普斯和我

几年前[1]，我在日本举办的TPIE座谈会上，与路·泰斯先生、苫米地英人先生以及日本国家男子足球队前主教练冈田武史先生进行了交流。路·泰斯和苫米地英人与我是老相识了，冈田教练则是第一次见面。

当时，冈田教练在已经结束的南非世界杯（2010年）上，率领日本队取得了十六强的佳绩。

这个成绩对日本足球界来说似乎是一次非常好的机会。从那以后，日本的足球运动员纷纷转会到了英国、德国、意大利的豪门俱乐部，开始在欧洲赛场上大展拳脚。

虽然在此之前也有不少日本球员转会到欧洲的俱乐部，但

---

[1] 本书初版于2013年。——编者注

在我的印象之中,大家似乎对日本的球员并没有太多的关注。不过自从冈田教练在南非世界杯上向世界展示出日本球员的实力之后,日本球员也开始得到与世界一流球员同样的待遇,球迷也开始欣赏他们的比赛了。

2008年,美国游泳运动员迈克尔·菲尔普斯在北京奥运会上赢得了8枚金牌。

我在菲尔普斯决定参加奥运会之前,就一直担任他的教练。

尽管身处不同的体育领域,但我仍然认为冈田教练是同时代的教练中少数能够感觉到体育界新风的人。我和他虽然是初次见面,却一见如故。

毫无疑问,在赛场上存在着一种看不见的力量。

别人在介绍我时,总说我是帮助菲尔普斯成为"八冠王"的教练,但我感觉这种说法有些夸张了。我并没有帮他提高游泳技术,也没有帮他锻炼肌肉和肺活量。这些都是迈克尔凭借自己的力量完成的。虽然我并没有在游泳方面给他提供建议和指导,但要说起我对他提供的最大的帮助,那就是让他充分地掌握了一种看不见的力量。

这种力量就是**自我肯定**。

代后记
想象创造未来

◎ 菲尔普斯取胜的关键就在于掌控了舒适区

事实上,迈克尔在被选为奥运选手之前,每天晚上都会在睡觉前进行自我肯定。我会让他躺在床上,看着天花板将想象可视化。

进入奥运会的决赛赛场,坐在等待席上,随着介绍选手的广播向观众挥手致意,一边轻轻地活动身体一边站上跳台,随着"准备"的发令摆好姿势,听到枪响的同时跳进水里。跳进水里时皮肤的触感,划水时的节奏,旁边泳道竞争对手的气息,他感受到的这一切,对他来说都是非常享受且非常渴望的东西。

被这些最重要的东西包围着,想象着自己第一个碰触终点。毫无疑问,这个时候的他感受到了至高无上的幸福。

就这样过了大约1年,15岁的菲尔普斯被选为悉尼奥运会的美国代表团成员。在这次奥运会上,他获得了200米蝶泳的第五名。

从那以后,他每天晚上睡觉之前都会想象自己参加奥运会的场景,从不间断。通过想象和自我肯定,他每天晚上都能够非常真实地感觉到目标的舒适区。而且,他也真的参加了奥运会和各项国际赛事并夺得了许多金牌。

现在回过头来看，在他的竞争对手之中，或许也有和他一样拥有同等能力的人。菲尔普斯并没有什么特殊的能力。但那些并不比他差的竞争对手们，却都没能战胜他。

如果说有什么因素决定了胜负，我认为答案是**菲尔普斯拥有更高等级的舒适区**，这让他在奥运会的赛场上发挥出了比练习时更好的水平。

在足球比赛中，人们常说"客场作战就算打平也是胜利"。

因为人们普遍认为，裁判和观众都会更加偏向于主队，所以客场作战往往很难取胜。当然，或许存在这种表面上的因素，但实际上，**导致主客场胜负差的主要因素是舒适区**。

对于绝大多数的选手来说，自己经常练习的地方是舒适区。比如美国的游泳选手在自己经常去的那家游泳俱乐部的水池中感觉最舒适，在这里练习时能够发挥出最高水平。日本的足球选手在自己俱乐部的足球场里感觉最舒适，在其他赛场中则会感到离开了舒适区。在国内的其他赛场尚且如此，一旦去海外的赛场比赛，更是会产生远离舒适区的感觉。

当选手感觉离开了自己的舒适区之后，就连平时很轻松就能做好的事情也变得难以完成。就像在自己的办公桌上总是能够干

代后记
想象创造未来

净利落地完成工作,但被突然叫到股东大会上发言则变得语无伦次一样。由此可见,要想充分地发挥出自己的能力,保证自己身处于舒适区内十分重要。

也就是说,要想在正式比赛中发挥出和练习时一样的水平,就必须将正式比赛的场地变成自己的舒适区。

怎样才能做到这一点呢?答案就是像菲尔普斯那样,每天晚上睡觉之前在床上**将想象可视化,进行自我肯定**。

◎ 冈田教练的自我肯定

我对冈田教练在南非世界杯上让自己和球员保持在高等级的舒适区中的方法很感兴趣。

之所以感兴趣,是因为当时的日本媒体一直在对冈田教练进行批判。

冈田教练当时一直公开表示要"打进四强"。这对当时的日本队来说是非常高的目标,日本媒体可能认为冈田教练是在说大话。我听说有一些著名的足球评论家突然对冈田教练进行批判,说他"态度不认真"。

本来参加在别国举办的世界杯就相当于客场作战，而应该支持自己的日本媒体又在背后展开攻击，冈田教练当时可谓是腹背受敌。

足球是团队竞技项目。如果负责统率球队的教练出现了问题，那么必然会对球员造成影响，最终影响比赛的结果。

但从南非世界杯的整个过程来看，日本队一改之前的颓势，在赛场上连续取得了进球。不仅如此，他们还贡献出了只有在主场才能看到的精彩表现。给我的感觉就是，整个日本队从教练到球员都将南非世界杯的赛场变成了自己的舒适区。

"我没有考虑其他任何多余的事情，一心只想着如何带领日本队打进四强。"

冈田教练在座谈会上这样说道。

这听起来可能是一句无关紧要的发言，但我却对此很感兴趣。

他一定在非常真实地想象胜利的情景。不从事体育事业的人可能难以理解，但我们在想象胜利的情景时，会尽可能具体且真实地将胜利时应该采取怎样的行动都想象出来。

冈田教练将自己的思考与战略都准确地传达给了球员。

代后记
想象创造未来

球员一定也对冈田教练所讲的内容展开了具体且真实地想象吧。自己在南非的赛场上发挥出与四强相符的技战术水平，这种真实的感觉他们一定反复想象过无数次。

拥有与目标相符的高等级舒适区，这就是决定胜负的关键。

只需要改变思考方法，改变看到的现实，就能取得不同的结果。冈田教练与球员可能并不了解路·泰斯先生的方法论，但他们却在南非世界杯上充分地对路·泰斯提出的公式进行了实践。

◎ 胜利者绝对不会去想"一旦失败了怎么办"

胜利者只考虑胜利的事情。

他们绝对不会去想"一旦失败了怎么办"。

路·泰斯先生经常这样说，一流的足球运动员在比赛中也总是想着"把球传给我"。

如果停球失败的话，可能会被降为替补，年薪也可能被削减。据说，确实有很多球员因为害怕出现失误而在比赛中想着"不要把球传给我"。

即便如此，一流的球员仍然不会考虑失败的后果，而是只想着"把球传给我"。因为这是他们真正的愿望。所以他们才能成功停球，并为观众奉献出超水平的表现。他们想要的只有胜利的自己和成功的自己，他们完全是在为了实现这个目标而比赛。

实现工作目标和人生目标时也是如此。

正如不惜遭受批判的冈田教练一样，真正想要实现目标的人，根本不会去考虑"一旦失败了怎么办"。

如果会产生这样的想法，那么这个目标可能并不是你真正想要实现的目标，或者你只是因为觉得"以后或许就没有机会了"才去追求这个目标。

如果是前者，你应该重新思考什么才是自己真正想要实现的目标。如果设定了错误的目标，那么不管你怎么进行自我肯定，都无法对目标的舒适区产生强烈的真实感。只有自己真正想要实现的目标才能使你感觉到强烈的真实感。

如果是后者，我希望你能够更深入地理解"失败并不存在"的含义。

比如一旦不能取得成功就再也没有第二次机会的工作，因为运气不佳没能取得成果。在这个时候，我只会认为"收获了宝贵

代后记
想象创造未来

的经验"。

可能确实不会有第二次的机会,但这并不意味着我们就不能实现人生的目标,并没有什么可害怕的。失败的教训可以帮助我们下一次取得成功,到了那个时候,我们一定能够取得比其他人更大的成果。

"一旦失败了怎么办"的想法来自"绝对不能失败"的童年教育。但要想实现人生目标,首先必须改变一直以来的这种信念体系。

我认为,冈田教练和日本国家男子足球队的表现,预示着辉煌的未来,我坚信这一点。

对于希望在世界舞台上大展身手的诸位,可以通过本书学习自我肯定的原理。只要对目标的舒适区拥有很强的真实感,大家一定能够实现自己的目标。美好的未来是由想象开始的。

延伸阅读

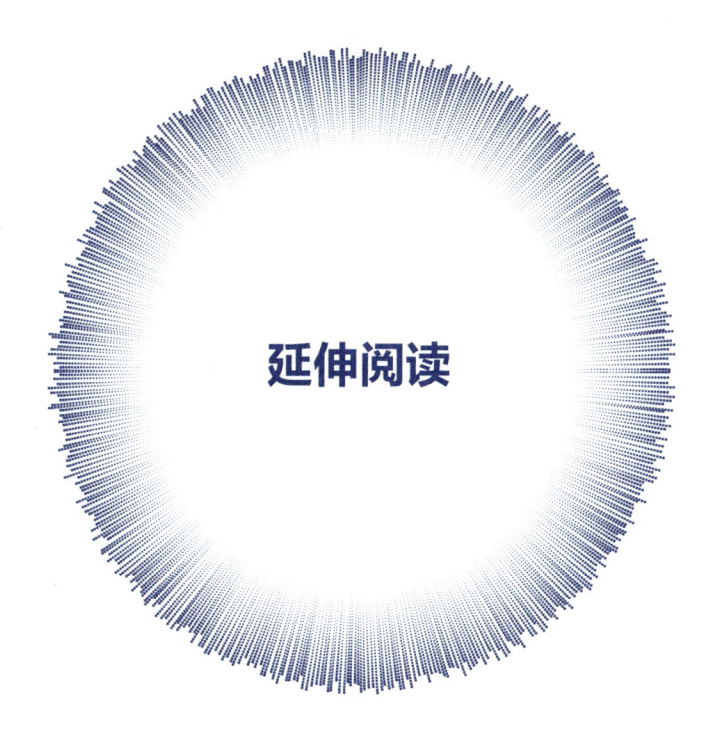

延伸阅读

◎ 路·泰斯的故事

路·泰斯于1971年成立了TPI（The Pacific Institute：太平洋研究院。现在总部设在美国华盛顿州西雅图市，全球58个国家每年有超过200万人参加培训的国际性教育机构）。

《财富》全球500强企业中的62%都引入了TPI，在美国，包括NASA（美国航空航天局）、国防部（陆军、空军、海军、海军陆战队）在内的联邦政府机构和各州政府，全美警察局、监狱、小学和中学，甚至主要的大学等都采用TPI的教育计划。

太平洋研究院是一家以激发人的潜力为目的的全球性咨询公司。它让认知科学通俗易懂、便于应用，鼓舞与支持个人和组织持续而独特地成为更好的自己。由于太平洋研究院成功地帮助了无数的个人和组织取得了过去不敢想象的成就，太平洋研究院在认知与自我形象心理学、社会习得理论和高成就者的研究领域里，被誉为是有史以来能够提供最实用和最有启迪的课程的机构。

太平洋研究院的指导原则是每一个人都拥有无穷的成长、变化、创造的潜力，都能够在科技高速发展的今天适应巨大的变化，关键是要对自己的行为负责。人们能借助树立目标、自我反思、自我评估等简单而有系统的过程来调节自己的行为。应用太平洋研究院的教育，人们通过改变自己的习惯、态度、信念、期望来发挥潜力。这允许个人实现更大的成长和更高水平的生产力，并且将它们转换为集体的行为，创造出更具建设性的组织文化和更为健康和高效的工作环境。

信息来源：太平洋研究院官网 http://www.tpichina.com/2018/about1.html

延伸阅读

◎ 迪克·福斯布里的故事

1947年3月6日,福斯布里出生在美国俄勒冈州波特兰市。在读高中时,他就开始涉足这项技术。他从一个角度起跑,背向横杆向后一跃,将自己弯曲成"J"形,将自己弹射到横杆之上,并掉入着陆坑。

福斯布里在2014年接受《科瓦利斯公报》采访时称:"我知道我必须改变我的身体姿势,这就是革命的开始。在我大三的时候,我继续使用这种新技术,每次参赛都在不断调整,但我在进步,我的成绩越来越好。"

福斯布里发明的背越式跳高技术最初遭到批评,因为他被形容为一条鱼在船上扑腾。

在1968年墨西哥奥运会前,福斯贝里在NCAA室内和室外比赛中,都拿到跳高项目冠军,随后在奥运会上,人们见证了"福斯布里翻身"和2.24米的新的奥运会纪录。

福斯布里曾回忆当时奥运夺金的场景:"在1968年的墨西哥,观众们对我所做的事情感到非常惊讶,他们不再欢呼,只是看着我。甚至当马拉松选手跑完回来时,现场也是一片寂静。但

认知升级

我更喜欢安静。"

到1972年慕尼黑奥运会，40名参赛的跳高运动员中有28人使用了这项技术。到了1976年的蒙特利尔奥运会，这是运动员可以凭借"福斯布里翻身"以外的技术获胜的最后一届奥运会。此后的每届奥运会，夺冠的运动员无一例外均使用"福斯布里翻身"。在"福斯布里翻身"成为常态之前，跳高运动员一般使用跨栏踢跳越过横杆，然后脸朝下着地。

信息来源：新浪看点https://k.sina.com.cn/article_1653603955_628ffe7302001fve7.html

◎ 基普乔格·凯诺的故事

基普乔格年少成名，16岁开始系统训练，18岁便拿下了越野锦标赛青年组冠军。

2003年8月31日，基普乔格刚刚赢得越野冠军之后仅仅5个月，他再创佳绩，击败中跑之王奎罗伊（1500米世界纪录保持者）和长跑之王贝克勒（5000米、10000米世界纪录保持者）拿下世界田径锦标赛5000米冠军。

其实，按照当时这种发展形势，基普乔格非常有机会成为下一个贝克勒，去冲击场地5000米或者10000米的纪录（而且基普乔格的5000米成绩已经达到了12分46秒53，成为当时的历史第六快），然而，现实却总是给人以无情的打击。

2004年雅典奥运会，基普乔格希望用冠军成就自己，然而，他没有在奥运赛场上再次上演绝杀两大名宿的瞬间，遗憾地拿下铜牌。

在田径场上的屡屡受挫，也让基普乔格走向了场地赛的没落，2012年，基普乔格在肯尼亚已经无法和年轻人比拼，国家选拔赛仅仅位列第七，无缘伦敦奥运会。

这之后,基普乔格决心转战路跑,2012年里尔半程马拉松他首次亮相,跑出59分25秒的首半马历史第二快的成绩,获得季军。

2013年,是基普乔格增强信心和爆发的一年,积攒了一些路跑经验之后,他开始进军全程马拉松,从他的历史成绩来看,没有人会认为他能有很好的发展。但是,这时候,一个马拉松统治者默默地开始成长了。

2014年,基普乔格拿下鹿特丹马拉松冠军和芝加哥马拉松冠军,2015年赢得伦敦马拉松与柏林马拉松冠军。

2016年上半年,基普乔格跑出2小时03分05秒的历史第二好成绩,里约奥运会成功夺冠,一跃成为世界马拉松先生。

2017年5月,基普乔格挑战了一个人类极限的任务,他跑出了2小时25秒的成绩。正是在这之后,基普乔格与其他选手正式拉开了差距。

基普乔格之所以有这样的成就得益于他的专注,15年的专业生涯里有15个笔记本,全都是训练日志,正是一直遵循着不断进步才达到了今天的高度,从2013年到2017年,他花了五年的时间到达了其他人无法企及的高度。

信息来源:搜狐网https://www.sohu.com/a/259028646_130969